JN056666

新版数学シリーズ

新版微分積分II 演習

改訂版

岡本和夫［監修］

実教出版

本書の構成と利用

　本書は，教科書の内容を確実に理解し，問題演習を通して応用力を養成できるよう編集しました。

　新しい内容には，自学自習で理解できるように，例題を示しました。

要点	教科書記載の基本事項のまとめ
A 問題	教科書記載の練習問題レベルの問題
	（　）内に対応する教科書の練習番号を記載
B 問題	応用力を付けるための問題
	教科書に載せていない内容には例題を掲載
発展問題	発展学習的な問題
章の問題	章全体の総合的問題

＊印	時間的余裕がない場合，＊印の問題だけを解いていけば一通り学習できるよう配慮しています。

目次

1 | いろいろな関数表示の微分法

◆◆◆要点◆◆◆

▶**媒介変数表示の関数の導関数**

媒介変数表示の関数 $x = x(t)$, $y = y(t)$ において，$x(t)$, $y(t)$ が微分可能で $x'(t) \neq 0$ なら

$$\frac{dy}{dx} = \frac{\dfrac{dy}{dt}}{\dfrac{dx}{dt}} = \frac{y'(t)}{x'(t)}$$

▶**直交座標と極座標の関係**

点 P の直交座標 (x, y) と極座標 (r, θ) の間には，次の関係が成り立つ。

(ⅰ) $\begin{cases} x = r\cos\theta \\ y = r\sin\theta \end{cases}$ (ⅱ) $\begin{cases} r = \sqrt{x^2 + y^2} \\ \tan\theta = \dfrac{y}{x} \quad (x \neq 0) \end{cases}$

▶**極座標表示の関数の導関数**

極座標表示の関数で r が θ の関数 $r = f(\theta)$ で与えられるとき，上記(ⅰ)は $x = f(\theta)\cos\theta$, $y = f(\theta)\sin\theta$ となり，θ を媒介変数とする媒介変数表示の関数を得る。

$$\frac{dy}{dx} = \frac{\dfrac{dy}{d\theta}}{\dfrac{dx}{d\theta}} = \frac{f'(\theta)\sin\theta + f(\theta)\cos\theta}{f'(\theta)\cos\theta - f(\theta)\sin\theta} \quad \text{ただし，} \frac{dx}{d\theta} \neq 0$$

▶**陰関数とその導関数**

2 つの変数 x, y について $f(x, y) = 0$ が成り立つとき，$y = \phi(x)$ を陰関数といい，その導関数の求め方は次の 3 通りである。

(1) y について解き，$y = \phi(x)$ を x で微分する。

(2) $f(x, y) = 0$ の両辺を x で微分し，$\dfrac{dy}{dx}$ を求める。

(3) 発展 $\dfrac{dy}{dx} = -\dfrac{f_x(x, y)}{f_y(x, y)}$ (→ p.35)

（関係式 $f(x, y) = 0$ の左辺を x で微分したものを分子，y で微分したものを分母に代入する。）

A

1 次の媒介変数表示の関数について，グラフの概形をかけ。 (敎 p.8 練習 1)

*(1) $x = 2t+1$, $y = t+2$ 　　*(2) $x = t-2$, $y = t^2+t$

(3) $x = \sqrt{t}$, $y = t+1$ 　　(4) $x = 3\sin t+3$, $y = 3\cos t$

2 直線 $y = -2x+5$ 上を運動する点 (x, y) について，次の (1), (2) に対応する媒介変数表示の関数を求めよ。 (敎 p.9 練習 2)

(1) 時刻 t における x 座標が $t+1$ である運動

(2) 時刻 t における x 座標が $-\dfrac{1}{2}t$ である運動

* **3** 媒介変数表示の関数 $x = t^2 + \dfrac{1}{t^2}$, $y = t - \dfrac{1}{t}$ について，1 つの x に対応する y はいくつあるか。また，そのとき y を x の式で表せ。

(敎 p.9 練習 3)

4 媒介変数表示の関数の微分法により， $\dfrac{dy}{dx}$ を求め， t の式で表せ。

(敎 p.10 練習 4)

*(1) $x = 2t^2$, $y = t^2-1$ 　　(2) $x = 2t-1$, $y = 3$

*(3) $x = t - \dfrac{1}{t}$, $y = t^2 + \dfrac{1}{t^2}$ 　　(4) $x = 2\cos t+4$, $y = 2\sin t-1$

5 次の媒介変数表示の関数について， $\dfrac{dy}{dx}$ の値が定まる t の範囲を求めよ。

(1) $x = 3t$, $y = t^2+4t$ (敎 p.11 練習 5)

*(2) $x = t - \sin t$, $y = 1 - \cos t$ $(0 \leqq t \leqq 2\pi)$

*(3) $x = t^2 - 3t$, $y = \log t$

6 次の媒介変数表示の関数について， $\dfrac{dy}{dx} = 0$ となる x を求めよ。

(敎 p.11 練習 6)

(1) $x = 7t^2+2$, $y = t^3-12t$

(2) $x = \cos t$, $y = \sin t$ $(0 \leqq t \leqq 2\pi)$

7 次の直交座標を極座標に直せ。 (國 p.12 練習7, p.13 練習8)

(1) $(2,\ 0)$ *(2) $(-3,\ 3)$

(3) $\left(\dfrac{\sqrt{3}}{2},\ -\dfrac{1}{2}\right)$ *(4) $(-2,\ -2\sqrt{3}\,)$

(5) $(-3,\ 0)$ (6) $(\sqrt{2}\,,\ -\sqrt{2}\,)$

(7) $(0,\ -4)$ (8) $(-3,\ \sqrt{3}\,)$

8 次の極座標を直交座標に直せ。 (國 p.13 練習9)

(1) $\left(1,\ \dfrac{\pi}{3}\right)$ *(2) $\left(2,\ \dfrac{5}{4}\pi\right)$

*(3) $\left(5,\ \dfrac{3}{2}\pi\right)$ (4) $\left(2,\ \dfrac{11}{6}\pi\right)$

(5) $(2,\ \pi)$ (6) $\left(3,\ \dfrac{4}{3}\pi\right)$

(7) $\left(2,\ \dfrac{7}{6}\pi\right)$ (8) $\left(4,\ \dfrac{\pi}{2}\right)$

9 次の極座標表示の方程式について，グラフの概形をかけ。また，xy 直交
座標表示で表せ。 (國 p.14 練習10)

(1) $r\sin\theta = 3$ *(2) $\theta = \dfrac{\pi}{4}$

*(3) $r = 2$ (4) $r = 6\cos\theta$

(5) $r = 2\sin\theta$ (6) $r\cos\theta = -1$

(7) $r = 2\sin\left(\theta + \dfrac{\pi}{4}\right)$ (8) $r = 6\cos\left(\theta - \dfrac{\pi}{3}\right)$

10 次の xy 直交表示の方程式を極座標表示で表せ。 (國 p.14 練習10)

(1) $x - y = -1$ *(2) $(x-3)^2 + (y-4)^2 = 25$

(3) $x = 8$ *(4) $y = 5x^2$

(5) $x^2 - y^2 = 1$ (6) $xy = 1$

(7) $(x^2 + y^2)^2 = x^2 y$ (8) $(x^2 + y^2)(x^2 + y^2 - 3y) = -4y^3$

11 極座標表示の関数 $r = f(\theta)$ が与えられると，極座標 $(r,\ \theta)$ と直交座標
$(x,\ y)$ の関係式 $x = r\cos\theta,\ y = r\sin\theta$ は媒介変数表示の関数になる。
$r = f(\theta)$ が次の関数のとき，$\dfrac{dy}{dx}$ を θ の式で表せ。 (國 p.15 練習11)

(1) $r = 2$ (2) $r = 2\theta$

*(3) $r = 2a\cos\theta \quad (a > 0)$ *(4) $r = \sin 2\theta$

12 次の方程式について，条件 $y \geqq 0$ の下で，陰関数を求めよ。

(教 p.16 練習 12)

*(1) $x^2 + y^2 - 5 = 0$ *(2) $4x - y^2 = 0$

(3) $4x^2 + 5y^2 = 20$ (4) $x^2 - y^2 = 1$

(5) $(x-1)^2 + y^2 = 1$ (6) $x^2 + y^2 + 8x - 6y + 21 = 0$

13 次の方程式の陰関数について，条件 $y \geqq 0$ の下で導関数 $\dfrac{dy}{dx}$ を x の式で表せ。

(教 p.17 練習 13)

*(1) $y^2 = 4x$ *(2) $x^2 + \dfrac{y^2}{4} = 1$

(3) $x^2 - 4y^2 = 1$ (4) $(x-1)^2 + y^2 = 1$

(5) $x^2 + y^2 + 2x = 0$ (6) $x^2 - 4y^2 - 8y = 0$

14 次の方程式の陰関数について，$\dfrac{dy}{dx}$ を求めよ。 (教 p.17 練習 13)

(1) $y^2 - 4x = 0$ (2) $x^2 + 4y^2 - 16 = 0$

*(3) $x^3 + y^3 = 1$ (4) $(x-3)^2 + (y-2)^2 = 1$

*(5) $xe^x + ye^y = 1$ (6) $x^2 - 4y^2 + 8y = 0$

15 次の方程式の陰関数について，$\dfrac{dy}{dx}$ を求めよ。 (教 p.17 練習 13)

(1) $\sin x + \cos y = 1$ *(2) $xy = 4$

(3) $x^2 + 3xy + y^2 = 1$ *(4) $x + y = \log \dfrac{1}{xy}$

(5) $\cos x \sin y = 1$ (6) $e^{2x} \cos 3y = e$

16 次の極座標表示の方程式の陰関数について，$\dfrac{dr}{d\theta}$ を求めよ。

(教 p.18 練習 14)

(1) $r^2 = 4\theta$ *(2) $r^2 = 9 \sin 2\theta$

*(3) $r^2 = 4 \cos 2\theta$ (4) $r^2 = \cos^2 2\theta - \sin^2 2\theta$

(5) $r^2 = 18 \sin \theta \cos \theta$ (6) $r^2 \cos \theta \sin \theta = 1$

◆◇◆◇◆◇◆◇◆◇◆◇◆◇◆◇◆◇◆◇◆◇◆◇◆◇ **B** ◇◆◇◆◇◆◇◆◇◆◇◆◇◆◇◆◇◆◇◆◇◆◇◆◇

例題 1　次の媒介変数表示された曲線上の $t = \dfrac{\pi}{6}$ に対応する点における接線の方程式を求めよ。

$$x = 2\cos t, \quad y = 2\sin t$$

考え方
①　接点の座標 (x_1, y_1)
②　$\dfrac{dy}{dx}$ より，$t = \dfrac{\pi}{6}$ における接線の傾き m を求める。
③　接線の方程式 $y - y_1 = m(x - x_1)$ を求める。

解　$t = \dfrac{\pi}{6}$ のとき，$x = 2\cos\dfrac{\pi}{6} = 2 \times \dfrac{\sqrt{3}}{2} = \sqrt{3}$

$$y = 2\sin\dfrac{\pi}{6} = 2 \times \dfrac{1}{2} = 1 \quad よって \quad 接点 (\sqrt{3}, 1)$$

$$\dfrac{dy}{dx} = \dfrac{\left(\dfrac{dy}{dt}\right)}{\left(\dfrac{dx}{dt}\right)} = \dfrac{2\cos t}{-2\sin t} = -\dfrac{\cos t}{\sin t} \quad より$$

$t = \dfrac{\pi}{6}$ における接線の傾きは $-\dfrac{\left(\cos\dfrac{\pi}{6}\right)}{\left(\sin\dfrac{\pi}{6}\right)} = -\dfrac{\left(\dfrac{\sqrt{3}}{2}\right)}{\left(\dfrac{1}{2}\right)} = -\sqrt{3}$

したがって，接線の方程式は $y - 1 = -\sqrt{3}(x - \sqrt{3})$
$$y = -\sqrt{3}\,x + 4$$

17　次の媒介変数表示の関数について，(　)内に示された値に対応する点における接線の方程式を求めよ。
(1)　$x = t + 1, \quad y = t^2 - t \quad (t = 1)$
(2)　$x = \dfrac{t}{1+t^2}, \quad y = \dfrac{t^2}{1+t^2} \quad (t = 2)$

18　曲線 $y^2 = 8x$ 上の点 $(2, 4)$ における接線の方程式を求めよ。

19　曲線 $x^2 - xy + y^2 = 1$ 上の点 $(0, 1)$ における接線の方程式を求めよ。

20　次の方程式で定まる陰関数 $y = f(x)$ に対し，$\dfrac{dy}{dx}$ を求めよ。
(1)　$x^3 + xy + y^2 = a^2 \quad (a > 0)$
(2)　$\sin x + \sin y - \sin(x + y) = 0 \quad (0 < x < \pi, \ 0 < y < \pi)$
(3)　$e^x + e^y = e^{x+y}$

2 | 平均値の定理とその応用

◆◆◆要点◆◆◆

▶**関数の連続と微分可能**

関数 $f(x)$ が $x = a$ で微分可能ならば，
$f(x)$ は $x = a$ で連続である。

```
┌──── 連続関数 ────┐
│  ┌─ 微分可能関数 ─┐  │
│  └──────────┘  │
└────────────────┘
```

▶**ロールの定理**

関数 $f(x)$ が閉区間 $[a,\ b]$ で連続，開区間 $(a,\ b)$ で微分可能であり，
$f(a) = f(b)$ ならば，次の式を満たす c が存在する。

$$f'(c) = 0 \quad (a < c < b)$$

▶**平均値の定理**

関数 $f(x)$ が閉区間 $[a,\ b]$ で連続，開区間 $(a,\ b)$ で微分可能ならば，次の式を満たす c が存在する。

$$\frac{f(b) - f(a)}{b - a} = f'(c) \quad (a < c < b)$$

▶**コーシーの平均値の定理**

関数 $f(x)$, $g(x)$ について，閉区間 $[a,\ b]$ で連続，開区間 $(a,\ b)$ で微分可能，$(a,\ b)$ で $f'(x) \neq 0$ ならば，次の式を満たす c が存在する。

$$\frac{g(b) - g(a)}{f(b) - f(a)} = \frac{g'(c)}{f'(c)} \quad (a < c < b)$$

▶**ロピタルの定理**

関数 $f(x)$, $g(x)$ について，a を含む適当な区間で連続，a 以外で微分可能，a 以外で $f'(x) \neq 0$ とする。このとき，$f(a) = g(a) = 0$ したがって $\lim_{x \to a} f(x) = 0$, $\lim_{x \to a} g(x) = 0$ で，極限値 $\lim_{x \to a} \dfrac{g'(x)}{f'(x)}$ が存在するならば次の式が成り立つ。

$$\lim_{x \to a} \frac{g(x)}{f(x)} = \lim_{x \to a} \frac{g'(x)}{f'(x)}$$

これは $\dfrac{0}{0}$ の不定形の場合のロピタルの定理である。この定理は $\pm\dfrac{\infty}{\infty}$ の不定形や $x \to \pm\infty$ のときに $\dfrac{0}{0}$, $\pm\dfrac{\infty}{\infty}$ の不定形となる極限値についても成り立つ。また，$\infty - \infty$, $\infty \cdot 0$, 0^0, ∞^0 の不定形などに適用できる場合もある。

A

21 次の閉区間で定義された関数 $f(x)$ について，ロールの定理が成り立つような c の値を求めよ。　(教 p.23 練習 2)

(1) $f(x) = x^2 - x$ 　　$[0,\ 1]$　(2) $f(x) = x^3 - x^2$ 　　$[0,\ 1]$

(3) $f(x) = \sqrt{2x - x^2}$ 　$[0,\ 2]$　(4) $f(x) = \sqrt{x^2 - 2x + 2}$ 　$[0,\ 2]$

*(5) $f(x) = \sin x$ 　$[0,\ 2\pi]$ (6) $f(x) = \cos x + \sin x$ 　$[0,\ 2\pi]$

(7) $f(x) = \cos x - \sin x$ 　$[0,\ 2\pi]$

22 次の閉区間で定義された関数 $f(x)$ について，平均値の定理が成り立つような c の値を求めよ。　(教 p.25 練習 3)

*(1) $f(x) = x^2$ 　　$[0,\ 3]$　(2) $f(x) = \sqrt{x^2 - 1}$ 　$[1,\ 4]$

*(3) $f(x) = \log x$ 　　$[1,\ e]$　(4) $f(x) = \mathrm{Sin}^{-1} x$ 　$[0,\ 1]$

(5) $f(x) = x^2 - x$ 　　$[-1,\ 2]$　(6) $f(x) = x^3 - x^2$ 　$[-1,\ 2]$

(7) $f(x) = \mathrm{Tan}^{-1} x$ 　$[0,\ 1]$　(8) $f(x) = \dfrac{1}{x+2}$ 　$[-1,\ 2]$

23 次の関数 $f(x)$, $g(x)$ とそれぞれ指定された閉区間においてコーシーの平均値の定理が成り立つような c の値を求めよ。　(教 p.29 節末問題 3)

(1) $f(x) = x^2$, $g(x) = x$ 　　$[0,\ 2]$

(2) $f(x) = x^2$, $g(x) = x^3$ 　　$[0,\ 1]$

(3) $f(x) = x^3$, $g(x) = x^2 + 1$ 　$[0,\ 3]$

(4) $f(x) = e^x$, $g(x) = \dfrac{1}{2}x - \dfrac{1}{2}$ 　$[0,\ \log 2]$

24 次の極限値を求めよ。　(教 p.29 練習 5)

(1) $\displaystyle\lim_{x \to 2} \dfrac{2x^2 - x - 6}{x^3 - 8}$ 　　*(2) $\displaystyle\lim_{x \to 0} \dfrac{e^x - e^{-x}}{\sin x}$

(3) $\displaystyle\lim_{x \to 1} \dfrac{\log x}{x - 1}$ 　　*(4) $\displaystyle\lim_{x \to \infty} \dfrac{\log x}{x^2}$

(5) $\displaystyle\lim_{x \to +0} \dfrac{\log(\sin x)}{\log x}$ 　*(6) $\displaystyle\lim_{x \to 0} \dfrac{x - \sin x}{x^2}$

(7) $\displaystyle\lim_{x \to 0} \dfrac{\mathrm{Sin}^{-1}(2x)}{x}$ 　(8) $\displaystyle\lim_{x \to 0} \dfrac{\mathrm{Tan}^{-1} x}{2x}$

(9) $\displaystyle\lim_{x \to \infty} \dfrac{\sqrt{2x+1} - 1}{x}$ 　(10) $\displaystyle\lim_{x \to \infty} \dfrac{\sqrt{x^2+4} - 2}{2x}$

◇◆◇◆◇◆◇◆◇◆◇◆◇◆◇◆◇◆◇◆◇◆◇◆◇◆◇ **B** ◇◆◇◆◇◆◇◆◇◆◇◆◇◆◇◆◇◆◇◆◇◆◇◆◇◆◇

25 次の関数 $f(x)$ について，閉区間 $[a, b]$ において平均値の定理
$f(b) - f(a) = (b - a)f'(c)$, $a < c < b$ を満たす c を，a, b を用いて
表せ。

(1) $f(x) = x^2$ (2) $f(x) = \sqrt{x}$

26 関数 $f(x) = x^2 + px + q$ について，次の等式を満たす θ の値を求めよ。
$$f(a + h) = f(a) + f'(a + \theta h)h \quad (0 < \theta < 1)$$

> **例題 2**　$x > 0$ のとき，次の不等式を証明せよ。
> $$\log(x + 1) - \log x < \frac{1}{x}$$

考え方　$f(x) = \log x$ とし，平均値の定理を用いて証明する。
$y = f(x)$ において，次の等式を満たす c が存在することを示す。
$$\frac{f(b) - f(a)}{b - a} = f'(c) \quad (a < c < b)$$

解　$f(t) = \log t$ とすると，$x < t < x + 1$ のとき，平均値の定理より，次
の等式を満たす c が存在する。
$$\frac{\log(x + 1) - \log x}{(x + 1) - x} = f'(c) \quad (x < c < x + 1)$$
$f'(t) = \dfrac{1}{t}$ より　$\log(x + 1) - \log x = \dfrac{1}{c}$ ……①

$0 < x < c < x + 1$ より　$\dfrac{1}{x + 1} < \dfrac{1}{c} < \dfrac{1}{x}$ ……②

よって，①，②より　$\log(x + 1) - \log x < \dfrac{1}{x}$

27 $x > 0$ のとき，不等式 $\dfrac{1}{1 + x} < \log\left(\dfrac{1 + x}{x}\right)$ を証明せよ。

28 $0 < \alpha < \beta < \dfrac{\pi}{2}$ のとき，不等式 $\sin\beta - \sin\alpha < \beta - \alpha$ を証明せよ。

29 次の極限値を求めよ。

(1) $\displaystyle\lim_{x \to 0} \frac{x - \sin x}{x - \tan x}$ (2) $\displaystyle\lim_{x \to +\infty} \frac{x^3 - x^2 + 1}{e^x}$

(3) $\displaystyle\lim_{x \to +0} \frac{\log(\tan 2x)}{\log(\tan x)}$ (4) $\displaystyle\lim_{x \to +\infty} \frac{\log(ax + 1)}{\log(bx + 1)}$ $(a, b > 0)$

例題 **3** 次の極限値を求めよ。
$$\lim_{x\to\infty} x\left(\frac{\pi}{2} - \mathrm{Tan}^{-1}x\right)$$

考え方 $0\times\infty$, $\infty-\infty$, 0^0, ∞^0 等の不定形は, $\dfrac{0}{0}$, $\dfrac{\infty}{\infty}$ の形に変形してから,
ロピタルの定理を用いる。

解 $$\lim_{x\to\infty} x\left(\frac{\pi}{2} - \mathrm{Tan}^{-1}x\right) = \lim_{x\to\infty} \frac{\dfrac{\pi}{2} - \mathrm{Tan}^{-1}x}{\left(\dfrac{1}{x}\right)}$$

このとき, $\dfrac{0}{0}$ 型の不定形なので, ロピタルの定理より

$$\lim_{x\to\infty} \frac{\dfrac{\pi}{2} - \mathrm{Tan}^{-1}x}{\left(\dfrac{1}{x}\right)} = \lim_{x\to\infty} \frac{\left(\dfrac{\pi}{2} - \mathrm{Tan}^{-1}x\right)'}{\left(\dfrac{1}{x}\right)'} = \lim_{x\to\infty} \frac{\left(-\dfrac{1}{x^2+1}\right)}{\left(-\dfrac{1}{x^2}\right)}$$

$$= \lim_{x\to\infty} \frac{x^2}{x^2+1} = \lim_{x\to\infty} \frac{1}{\left(1+\dfrac{1}{x^2}\right)} = 1$$

30 次の極限値を求めよ。

(1) $\displaystyle\lim_{x\to\infty} x\log\frac{x-3}{x+3}$

(2) $\displaystyle\lim_{x\to\frac{\pi}{2}} (\tan x - \sec x)$

(3) $\displaystyle\lim_{x\to0} \left(\frac{\tan x}{x}\right)^{\frac{1}{x}}$

(4) $\displaystyle\lim_{x\to+\infty} x^{\frac{1}{x}}$

(5) $\displaystyle\lim_{x\to+0} (\tan x)^x$

(6) $\displaystyle\lim_{x\to1+0} x^{\frac{1}{x-1}}$

31 関数 $f(x) = x + \dfrac{2}{x}$ を閉区間 $[1,\ 3]$ で考えるとき, 次の問いに答えよ。

(1) この区間における $f(x)$ の平均変化率を求めよ。

(2) (1)の平均変化率に等しい傾きをもつ接線の接点を求めよ。

(3) (2)の接線の方程式を求めよ。

32 関数 $y = f(x) = \sqrt{x}$ について次の問いに答えよ。

(1) 曲線 $y = \sqrt{x}$ の接線で, 2点 $(0,\ 0)$, $(4,\ 2)$ を結ぶ直線に平行なものを求めよ。

(2) $\sqrt{x} = 1 + \dfrac{1}{2}(x-1) + k(x-1)^2$ を満たす定数 k が存在することを, 1次の係数が $f'(1) = \dfrac{1}{2}$ であることに注意して, 平均値の定理を用いて示せ。

3 | テイラーの定理とその応用

◆◆◆要点◆◆◆

▶テイラーの定理とマクローリンの定理

関数 $f(x)$ が区間 I で n 回微分可能ならば，I 内の点 a, x について

$$f(x) = f(a) + f'(a)(x-a) + \frac{f''(a)}{2!}(x-a)^2$$
$$+ \cdots + \frac{f^{(n-1)}(a)}{(n-1)!}(x-a)^{n-1} + \frac{f^{(n)}(c)}{n!}(x-a)^n$$

を満たす c が a と x の間に存在する。これをテイラーの定理という。

最後の項を $R_n(x)$ とおき，これを剰余項ということがある。

$a = 0$ の場合をとくにマクローリンの定理という。

▶テイラー展開とマクローリン展開

$n \to \infty$ のとき $R_n(x) \to 0$ であれば，$f(x)$ は次のように表すことができる。これを $f(x)$ の $x = a$ におけるテイラー展開という。

$$f(x) = f(a) + f'(a)(x-a) + \frac{f''(a)}{2!}(x-a)^2$$
$$+ \cdots + \frac{f^{(n)}(a)}{n!}(x-a)^n + \cdots$$

とくに $a = 0$ の場合をマクローリン展開という。

$$f(x) = f(0) + f'(0)x + \frac{f''(0)}{2!}x^2 + \cdots + \frac{f^{(n)}(0)}{n!}x^n + \cdots$$

▶いろいろなマクローリン展開と収束半径 R

〔①〜③において $R = \infty$, ④, ⑤において $R = 1$〕

$$e^x = 1 + x + \frac{1}{2!}x^2 + \frac{1}{3!}x^3 + \cdots = \sum_{r=0}^{\infty} \frac{1}{r!}x^r \quad \cdots\cdots①$$

$$\sin x = x - \frac{1}{3!}x^3 + \frac{1}{5!}x^5 - \frac{1}{7!}x^7 + \cdots = \sum_{r=0}^{\infty} \frac{(-1)^r}{(2r+1)!}x^{2r+1} \quad \cdots\cdots②$$

$$\cos x = 1 - \frac{1}{2!}x^2 + \frac{1}{4!}x^4 - \frac{1}{6!}x^6 + \cdots = \sum_{r=0}^{\infty} \frac{(-1)^r}{(2r)!}x^{2r} \quad \cdots\cdots③$$

$$\frac{1}{1-x} = 1 + x + x^2 + x^3 + \cdots = \sum_{r=0}^{\infty} x^r \quad (|x|<1) \quad \cdots\cdots④$$

$$\log(1+x) = x - \frac{1}{2}x^2 + \frac{1}{3}x^3 - \frac{1}{4}x^4 + \cdots = \sum_{r=1}^{\infty} (-1)^{r-1}\frac{x}{r} \quad \cdots\cdots⑤$$
$$(|x|<1)$$

▶関数の極値と凹凸の判定

関数 $f(x)$ が a を含む開区間で n 回微分可能，$f^{(n)}(x)$ が $x = a$ で連続とする。

[1] $f'(a) = f''(a) = \cdots = f^{(n-1)}(a) = 0$, $f^{(n)}(a) \neq 0$ とする。このと

き

(i) n が偶数のとき $f(a)$ は極値である。$f^{(n)}(a) > 0$ ならば極小値，$f^{(n)}(a) < 0$ ならば極大値

(ii) n が奇数のとき $f(a)$ は極値でない。

[2] n が 2 以上の偶数とする。さらに $n \geqq 4$ のときは $f''(a) = \cdots = f^{(n-1)}(a) = 0$ とする。このとき $y = f(x)$ は

(i) $f^{(n)}(a) > 0$ ならば $x = a$ で下に凸

(ii) $f^{(n)}(a) < 0$ ならば $x = a$ で上に凸

━━━━━━━━━━━━━━━━━━ **A** ━━━━━━━━━━━━━━━━━━

33 次の関数 $f(x)$ について，$x = a$ における 1 次近似式を求めよ。

(教 p.31 練習 2)

(1) $f(x) = \sqrt{x}$　　　　　　　(2) $f(x) = \sqrt[3]{1+x}$

*(3) $f(x) = \sqrt[4]{x}$　　　　　　　(4) $f(x) = \log x$

(5) $f(x) = e^x$　　　　　　　(6) $f(x) = \sin x$

(7) $f(x) = \cos x$

34 次の 1 次近似値を求めよ。

(教 p.31 練習 1)

*(1) $\sqrt{4.1}$　　　　　　　(2) $\sqrt[3]{8.1}$

(3) $\sqrt[4]{16.1}$　　　　　　(4) $\log(1.1)$

(5) $e^{0.9}$　　　　　　　　(6) $\sin\dfrac{\pi}{100}$

(7) $\cos\dfrac{12}{25}\pi$

35 関数 $f(x) = \dfrac{1}{1+x}$ について，次の問いに答えよ。

(教 p.33 練習 3,4)

(1) 関数 $f(x)$ の $x = 0$ における 1 次近似式と 2 次近似式を求めよ。

(2) $\dfrac{1}{1.05}$ の 1 次近似値と 2 次近似値を求めよ。

36 次の関数について，$x = a$ における 2 次近似式を求めよ。

(教 p.33 練習 4)

(1) $f(x) = \sqrt{x}$　　　　　　　(2) $f(x) = \sqrt[3]{1+x}$

(3) $f(x) = \sqrt[4]{x}$　　　　　　　*(4) $f(x) = \log x$

(5) $f(x) = e^x$　　　　　　　(6) $f(x) = \sin x$

(7) $f(x) = \cos x$

37 次の 2 次近似値を求めよ。 （國 p.33 練習 3)

(1) $\sqrt{4.1}$　　　　　　　(2) $\sqrt[3]{8.1}$

(3) $\sqrt[4]{16.1}$　　　　　　(4) $\log(1.1)$

(5) $e^{0.9}$　　　　　　　(6) $\sin\dfrac{\pi}{100}$

(7) $\cos\dfrac{12}{25}\pi$

38 次の関数の $x=1$ におけるテイラー展開を求めよ。 （國 p.37 練習6)

(1) $f(x)=e^x$　　　　　*(2) $f(x)=x^{-1}$

(3) $f(x)=\sqrt[3]{x}$　　　　(4) $f(x)=x^4$

39 次の関数のマクローリン展開の 0 の項を除く最初の 3 項を求めよ。

（國 p.38 練習7)

*(1) $f(x)=\log(1+x)$　　(2) $f(x)=\tan x$

*(3) $f(x)=e^{x^2}$　　　　(4) $f(x)=\mathrm{Sin}^{-1}x$

(5) $f(x)=\mathrm{Tan}^{-1}x$

40 次の関数のマクローリン展開を求めよ。 （國 p.41 練習8)

(1) $f(x)=e^{2x}$　　　　(2) $f(x)=\dfrac{1}{1+x^2}$

(3) $f(x)=\cos 2x$　　　(4) $f(x)=\sin 3x$

41 次の関数の極値を求めよ。 （國 p.42 練習9)

*(1) $f(x)=x^2+4x-5$　　(2) $f(x)=x^3-3x+7$

(3) $f(x)=2x^3+9x^2-5$　(4) $f(x)=x^4-2x^2+5$

(5) $f(x)=e^{x^2}$　　　*(6) $f(x)=\dfrac{\log x}{x}$

(7) $f(x)=\dfrac{1}{x^3+1}$　(8) $f(x)=x+2\cos x\quad(0\leqq x<2\pi)$

42 次の関数について，$x=1$ におけるグラフの凹凸を調べよ。 （國 p.43 練習10)

*(1) $y=f(x)=e^{-2x}$　　(2) $y=f(x)=x\sqrt{x+3}$

(3) $y=f(x)=xe^{-x}$　　(4) $y=f(x)=(\log x)^2$

* **43** 次の関数について，グラフの凹凸を調べよ。 （國 p.43 練習10)

(1) $y=f(x)=2x^3+9x^2-5$　(2) $y=f(x)=x^4-2x^2+5$

(3) $y=f(x)=\dfrac{\log x}{x}$　(4) $y=f(x)=x-2\sqrt{x}$

◇◆◇◆◇◆◇◆◇◆◇◆◇◆◇◆◇◆◇◆◇◆◇◆◇◆ **B** ◇◆◇◆◇◆◇◆◇◆◇◆◇◆◇◆◇◆◇◆◇◆◇◆◇◆◇◆

44 次の関数の極値を求めよ。

(1) $f(x) = \dfrac{6x}{1+x^2}$ (2) $f(x) = \dfrac{x^3}{x^2-1}$

(3) $f(x) = \dfrac{-3x+4}{x^2+1}$ (4) $f(x) = x^2 + \dfrac{1}{x}$

45 **44**(1)〜(4) の関数において次の x の値における凹凸を調べよ。

(1) $x = \dfrac{3}{2},\ 2$ (2) $x = \pm\dfrac{1}{2}$

(3) $x = 0,\ 1$ (4) $x = \pm\dfrac{1}{2}$

46 次の関数の第 n 次導関数を求めよ。

(1) $f(x) = \sin x$ (2) $f(x) = \cos x$

(3) $f(x) = \sin^2 x$

47 次の関数のマクローリン展開を求めよ。

(1) $f(x) = \dfrac{x}{2x^2-3x+1}$ (2) $f(x) = e^x \sin x$

48 マクローリン展開を用いて次の極限値を求めよ。

(1) $\displaystyle\lim_{x\to 0} \dfrac{(\cos x - 1)x^2}{\log(1+x^4)}$ (2) $\displaystyle\lim_{x\to 0}\left(x - x^2\log\left(1+\dfrac{1}{x}\right)\right)$

1 章 の問題

1 次の極限値を求めよ。

(1) $\displaystyle\lim_{x \to 0} \frac{x - \log(1+x)}{x^2}$　　　　　(2) $\displaystyle\lim_{x \to \infty} \frac{x+1}{e^x}$

(3) $\displaystyle\lim_{x \to 0} \frac{5}{3x} \log(1+2x)$　　　　　(4) $\displaystyle\lim_{x \to \infty} (1+x)^{\frac{1}{x}}$

(5) $\displaystyle\lim_{x \to 0} \left(\frac{1}{\sin^2 x} - \frac{1}{x^2} \right)$

2 媒介変数 t によって，表される曲線 $x = e^t + e^{-t}$, $y = e^t - e^{-t}$ について，$t = 1$ に対応する点における $\dfrac{dy}{dx}$ の値を求めよ。

3 媒介変数表示の関数 $x = 2t^2 + 1$, $y = 3t - 1$ で与えられる曲線の $t = 1$ に対応する点における接線の傾きを求めよ。

4 $x = e^\theta \cos\theta$, $y = e^\theta \sin\theta$ のとき，$\dfrac{dy}{dx}$ を θ を用いて表せ。

5 関数 $f(x) = x^3 - 6x^2 + 9x$ について，次の問いに答えよ。

(1) 関数 $f(x)$ が増加する x の範囲を求めよ。

(2) 関数 $y = f(x)$ のグラフが上に凸である x の範囲を求めよ。

6 関数 $f(x) = x^4 - x^3$ について，次の問いに答えよ。

(1) 関数 $y = f(x)$ のグラフが極小であるときの x の値を求めよ。

(2) グラフが上に凸となる x の範囲を求めよ。

7 次の関数の極値を調べよ。

(1) $y = x + \dfrac{4}{x}$　　　　　　　(2) $y = \dfrac{x+1}{x^2+x+1}$

8 a を実数とする。関数 $f(x) = ax + \cos x + \dfrac{1}{2}\sin 2x$ が極値をもたないように，a の値の範囲を定めよ。

9　1次近似式を用いて，$\sqrt[3]{1057}$ の近似値を小数点以下第2位まで求めよ。

10　1次近似式を用いて，$\cos 29°$ の近似値を小数点以下第2位まで求めよ。

11　a, b は実数で $a > b > 0$ とする。区間 $0 \leqq x \leqq 1$ で定義される関数 $f(x)$ を次のように定める。
$$f(x) = \log\left(ax + b(1-x)\right) - x\log a - (1-x)\log b$$
ただし，$\log$ は自然対数を表す。このとき，次のことを示せ。
(1)　$0 < x < 1$ に対して，$f''(x) < 0$ が成り立つ。
(2)　$f'(c) = 0$ を満たす実数 c が，$0 < x < 1$ の範囲にただ1つ存在する。
(3)　$0 \leqq x \leqq 1$ を満たす実数 x に対して，$ax + b(1-x) \geqq a^x b^{1-x}$ が成り立つ。

12　極方程式 $r = \dfrac{3}{2 + \sin\theta}$ が表す曲線を C とする。
(1)　曲線 C を直交座標の方程式で表し，その概形をかけ。
(2)　x 軸の正の部分と曲線 C が交わる点を P とする。点 P における曲線 C の接線の方程式を求めよ。

13　a を正の定数，t を媒介変数として，$x(t) = e^{at}\cos t$，$y(t) = e^{at}\sin t$ で定まる曲線を C とする。時刻 t における動点 P の座標が C 上の点 $P(x(t), y(t))$ であるとして，$\overrightarrow{OP}$ の速度ベクトル $\vec{v} = \left(\dfrac{dx}{dt}, \dfrac{dy}{dt}\right)$ および点 P における C の接線の傾きを求めよ。

14　xy 平面上を動く点 $P(x, y)$ の時刻 t における座標が $x = e^t\cos t$，$y = e^t\sin t$ で与えられる。動点 P の軌跡を曲線 C として次の問いに答えよ。
(1)　時刻 t における点 P の速度ベクトル $\vec{v} = \left(\dfrac{dx}{dt}, \dfrac{dy}{dt}\right)$ と加速度ベクトル $\vec{a} = \left(\dfrac{d^2x}{dt^2}, \dfrac{d^2y}{dt^2}\right)$ および P における C の接線の傾きを求めよ。
(2)　原点を O とし，$\overrightarrow{OP}$ と $\vec{v}$ のなす角を θ_1，$\overrightarrow{OP}$ と $\vec{a}$ のなす角を θ_2 とする。θ_1 と θ_2 を求めよ。ただし，$0 \leqq \theta_1 \leqq \pi$，$0 \leqq \theta_2 \leqq \pi$ とする。

1 ｜ 定積分と不定積分

◆◆◆要点◆◆◆

▶リーマン積分

閉区間 $[a,\ b]$ の分割 $a = x_0 < x_1 < x_2 < \cdots < x_{n-1} < x_n = b$ に対し，$\varDelta x_k = x_k - x_{k-1}$ とおき，$\varDelta x_k$ の最大値を $|\varDelta|$ とする。各小区間 $[x_{k-1},\ x_k]$ から代表点 ξ_k をとる。関数 $f(x)$ について，極限値

$$S_f = \lim_{|\varDelta| \to 0} \sum_{k=1}^{n} f(\xi_k) \varDelta x_k$$

が存在するとき，S_f を関数 $f(x)$ の a から b までのリーマン積分という。$f(x)$ が連続ならばリーマン積分が存在し，すべての k について

$$\xi_k = x_k,\ \varDelta x_k = \frac{b-a}{n}\ (= \varDelta x)$$

として次式で S_f を求めてよい。

$$S_f = \lim_{n \to \infty} \sum_{k=1}^{n} f(x_k) \varDelta x$$

▶微分積分法の基本定理

a を含む区間 I で連続な関数 $f(x)$ について，x を I 内の点とし，$f(x)$ の a から x までのリーマン積分を $S_f(x)$ とすると，$S_f(x)$ は $f(x)$ の原始関数である。これを微分積分法の基本定理というが，これより，リーマン積分 $S_f(x)$ は，$f(x)$ の a から x までの定積分に等しい。

$$S_f(x) = \int_a^x f(x)\, dx$$

▶有理関数の不定積分

整式 $A(x)$，$B(x)$ により，$f(x) = \dfrac{A(x)}{B(x)}$ の形に表される関数 $f(x)$ を有理関数という。その不定積分を求めるには，次のようにするとよい。

[1]　$f(x) = Q(x) + \dfrac{R(x)}{B(x)}$ の形に直す。ただし，$Q(x)$ は整式で，$R(x)$ の次数 $< B(x)$ の次数。

[2]　部分分数に分解する。

▶三角関数の有理式の不定積分

$t = \tan\dfrac{x}{2}$ とおくと次式が成り立つので必ず t の有理式に直せる。

$$\sin x = \frac{2t}{1+t^2} \qquad \cos x = \frac{1-t^2}{1+t^2} \qquad \tan x = \frac{2t}{1-t^2}$$

$$dx = \frac{2}{1+t^2}\, dt$$

▶無理関数の不定積分

a を正の定数，A を 0 でない定数とするとき

(I) $\displaystyle\int \frac{1}{\sqrt{a^2-x^2}}\,dx = \mathrm{Sin}^{-1}\frac{x}{a} + C$

(II) $\displaystyle\int \sqrt{a^2-x^2}\,dx = \frac{1}{2}\left\{x\sqrt{a^2-x^2} + a^2\mathrm{Sin}^{-1}\frac{x}{a}\right\} + C$

(III) $\displaystyle\int \frac{1}{\sqrt{x^2+A}}\,dx = \log|x+\sqrt{x^2+A}| + C$

(IV) $\displaystyle\int \sqrt{x^2+A}\,dx = \frac{1}{2}\{x\sqrt{x^2+A} + A\log|x+\sqrt{x^2+A}|\} + C$

A

49 次の $f(x)$ について，定義に基づき，$x=a$ から $x=b$ までのリーマン積分を求めよ。また同じ区間で定積分を求めよ。 (教 p.52 練習2)

(1) $f(x) = x-1$ *(2) $f(x) = -2x$

50 次の $f(x)$ について，定義に基づき，$x=0$ から $x=2$ までのリーマン積分を求めよ。また同じ区間で定積分を求めよ。 (教 p.53 練習3)

(1) $f(x) = x^2$ *(2) $f(x) = x^2+1$

51 次の $f(x)$ について，定義に基づき，$x=1$ から $x=2$ までのリーマン積分を求めよ。また同じ区間で定積分を求めよ。 (教 p.53 練習3)

(1) $f(x) = x^2$ *(2) $f(x) = (x-1)^2$

52 次の不定積分を求めよ。 (教 p.57 練習7)

(1) $\displaystyle\int \frac{2x^2-x}{x-1}\,dx$ (2) $\displaystyle\int \frac{x^2-2x+1}{x^2+1}\,dx$

(3) $\displaystyle\int \frac{3x^3+5x^2+2x+1}{x+1}\,dx$ *(4) $\displaystyle\int \frac{x^3+x+2}{x^2+1}\,dx$

53 次の不定積分を求めよ。 (教 p.58-59 練習8-9)

*(1) $\displaystyle\int \frac{1}{x^2+3x+2}\,dx$ (2) $\displaystyle\int \frac{3x^2-x}{x^3-x^2+x-1}\,dx$

*(3) $\displaystyle\int \frac{3x^2+7x+5}{(x+1)(x^2+2x+2)}\,dx$ (4) $\displaystyle\int \frac{2x^2+7x+4}{x(x+2)^2}\,dx$

54 次の不定積分を求めよ。 (國 p.61 練習 11)

*(1) $\displaystyle\int \frac{1}{1+\cos x}\,dx$

(2) $\displaystyle\int \frac{1}{1-\sin x}\,dx$

*(3) $\displaystyle\int \frac{1-\cos x}{1+\cos x}\,dx$

(4) $\displaystyle\int \left(\frac{1}{\tan x}+\tan\frac{x}{2}\right)dx$

55 次の不定積分を求めよ。 (國 p.62 練習 12)

*(1) $\displaystyle\int \frac{1}{\sqrt{4x-x^2}}\,dx$

(2) $\displaystyle\int \frac{1}{\sqrt{8-6x-9x^2}}\,dx$

*(3) $\displaystyle\int \sqrt{16-6x-x^2}\,dx$

(4) $\displaystyle\int \sqrt{6x-9x^2}\,dx$

56 次の不定積分を求めよ。 (國 p.64 練習 14)

*(1) $\displaystyle\int \frac{1}{\sqrt{x^2+4x+5}}\,dx$

(2) $\displaystyle\int \frac{1}{\sqrt{4x^2+4x+3}}\,dx$

*(3) $\displaystyle\int \sqrt{x^2+6x+10}\,dx$

(4) $\displaystyle\int \sqrt{4x^2-4x+7}\,dx$

B

57 定義に基づき，区間 $[0,\ 1]$ における x^3 のリーマン積分を求めよ。ただし，$\displaystyle\sum_{k=1}^{n} k^3 = \frac{1}{4}n^2(n+1)^2$ である。

58 関数 $f(x)=\begin{cases}\pi+x & (-\pi \leqq x \leqq 0)\\ \pi-x & (0 \leqq x \leqq \pi)\end{cases}$ について，次の定積分を求めよ。

(1) $\displaystyle\int_{-\pi}^{\pi} f(x)\sin x\,dx$

(2) $\displaystyle\int_{-\pi}^{\pi} f(x)\cos x\,dx$

59 次の不定積分を求めよ。

(1) $\displaystyle\int \frac{x^2+2x+2}{x^2+1}\,dx$

(2) $\displaystyle\int \frac{1}{\sqrt{2-x-x^2}}\,dx$

(3) $\displaystyle\int \frac{1}{\sin x+\sin^2 x}\,dx$

(4) $\displaystyle\int \sqrt{x^2+x+1}\,dx$

(5) $\displaystyle\int \frac{2x+1}{\sqrt{x^2+1}}\,dx$

(6) $\displaystyle\int (2x+1)\sqrt{1-x^2}\,dx$

(7) $\displaystyle\int \frac{1}{\sin x+\cos x}\,dx$

(8) $\displaystyle\int \frac{\sin x+1}{(\cos x+1)\sin x}\,dx$

60 次の定積分を求めよ。

(1) $\displaystyle\int_{-1}^{0} \frac{3x^3 + 4x^2 - 4x + 1}{x + 2}\, dx$

(2) $\displaystyle\int_{1}^{2} \frac{1}{x^2(x+1)}\, dx$

(3) $\displaystyle\int_{0}^{\frac{\pi}{3}} \frac{1}{\cos x}\, dx$

(4) $\displaystyle\int_{0}^{1} \sqrt{2 - x^2}\, dx$

(5) $\displaystyle\int_{0}^{4} \frac{1}{\sqrt{x^2 + 9}}\, dx$

(6) $\displaystyle\int_{0}^{3} \sqrt{x^2 + 16}\, dx$

61 連続関数 $f(x)$ について，次の式が成り立つことを示せ。

(1) $\displaystyle\int_{0}^{\frac{\pi}{2}} f(\sin x)\, dx = \int_{0}^{\frac{\pi}{2}} f(\cos x)\, dx$

(2) $\displaystyle\int_{-1}^{1} f(Lx)\, dx = \frac{1}{L}\int_{-L}^{L} f(x)\, dx$ （L は正の定数）

(3) $\dfrac{d}{dx}\left\{ x\displaystyle\int_{0}^{1} f(xt)\, dt \right\} = f(x)$

═══════════ ◀ 発展問題 ▶ ═══════════

例題 1 極限値 $\displaystyle\lim_{n\to\infty}\left\{\frac{1}{n+1} + \frac{1}{n+2} + \frac{1}{n+3} + \cdots + \frac{1}{n+n}\right\}$ を求めよ。

考え方 リーマン積分の定義を利用する ◀ $\dfrac{k}{n}$ が現れるように変形するとよい。

解

$\begin{aligned}
(\text{与式}) &= \lim_{n\to\infty}\sum_{k=1}^{n} \frac{1}{n+k}\\
&= \lim_{n\to\infty}\sum_{k=1}^{n} \frac{1}{1 + \dfrac{k}{n}}\cdot\frac{1}{n}\\
&= \int_{0}^{1} \frac{1}{1+x}\, dx\\
&= \Big[\log|1+x|\Big]_{0}^{1} = \log 2
\end{aligned}$

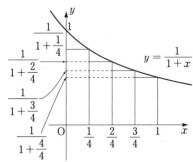

62 次の極限値を求めよ。

(1) $\displaystyle\lim_{n\to\infty}\left\{\frac{1}{\sqrt{n^2 + 1^2}} + \frac{1}{\sqrt{n^2 + 2^2}} + \frac{1}{\sqrt{n^2 + 3^2}} + \cdots + \frac{1}{\sqrt{n^2 + n^2}}\right\}$

(2) $\displaystyle\lim_{n\to\infty}\frac{1}{n\sqrt{n}}\left\{\sqrt{1} + \sqrt{2} + \sqrt{3} + \cdots + \sqrt{n}\right\}$

2 | 定積分の応用

◆◆◆要点◆◆◆

▶媒介変数表示の図形の面積

媒介変数表示の曲線 $x = f(t)$, $y = g(t)$ の $t = \alpha$ から $t = \beta$ までの部分と x 軸および直線 $x = f(\alpha)$, $x = f(\beta)$ で囲まれた図形の面積 S は, $\alpha < \beta$ のとき

$$S = \int_\alpha^\beta |g(t)f'(t)|\,dt = \int_\alpha^\beta \left| y\frac{dx}{dt} \right| dt$$

▶極座標表示の図形の面積

極座標表示の曲線 $r = f(\theta)$ の $\theta = \alpha$ から $\theta = \beta$ までの部分と半直線 $\theta = \alpha$, $\theta = \beta$ で囲まれた図形の面積 S は, $\alpha < \beta$ のとき

$$S = \frac{1}{2}\int_\alpha^\beta \{f(\theta)\}^2\,d\theta$$

▶直交座標による曲線の長さ

曲線 $y = f(x)$ の $x = a$ から $x = b$ までの長さ L は $a < b$ のとき

$$L = \int_a^b \sqrt{1 + \{f'(x)\}^2}\,dx$$

▶媒介変数表示の曲線の長さ

媒介変数表示の曲線 $x = f(t)$, $y = g(t)$ の $t = \alpha$ から $t = \beta$ までの長さ L は, $\alpha < \beta$ のとき

$$L = \int_\alpha^\beta \sqrt{\{f'(t)\}^2 + \{g'(t)\}^2}\,dt$$

▶極座標表示の曲線の長さ

極座標表示の曲線 $r = f(\theta)$ の $\theta = \alpha$ から $\theta = \beta$ までの長さ L は

$$L = \int_\alpha^\beta \sqrt{\{f(\theta)\}^2 + \{f'(\theta)\}^2}\,d\theta \quad (\alpha < \beta)$$

▶断面積が与えられた立体の体積

x 軸に垂直な平面による断面積 $S(x)$ が与えられた立体の体積 V は

$$V = \int_a^b S(x)\,dx \quad (a < b)$$

▶回転体の体積

$f(x)$ は連続で, $f(x) \geqq 0$ とする。曲線 $y = f(x)$ と x 軸および 2 直線 $x = a$, $x = b$ で囲まれる図形を x 軸のまわりに回転して得られる回転体の体積 V は, $a < b$ のとき

$$V = \pi\int_a^b \{f(x)\}^2\,dx$$

▶媒介変数表示の回転体の体積

媒介変数表示の曲線 $x=f(t)$, $y=g(t)$ の $t=\alpha$ から $t=\beta$ までの部分と x 軸および直線 $x=f(\alpha)$, $x=f(\beta)$ で囲まれた図形を x 軸のまわりに回転して得られる回転体の体積 V は，$\alpha<\beta$ のとき

$$V=\pi\int_\alpha^\beta \{g(t)\}^2|f'(t)|\,dt=\pi\int_\alpha^\beta y^2\left|\frac{dx}{dt}\right|dt$$

▶有限区間における広義積分

(ⅰ) 左端 a で不連続な場合 $\displaystyle\int_a^b f(x)\,dx=\lim_{\varepsilon\to+0}\int_{a+\varepsilon}^b f(x)\,dx$

(ⅱ) 右端 b で不連続な場合 $\displaystyle\int_a^b f(x)\,dx=\lim_{\varepsilon\to+0}\int_a^{b-\varepsilon} f(x)\,dx$

▶無限区間における広義積分

(ⅰ) 積分区間が $[a,\ \infty)$ の場合 $\displaystyle\int_a^\infty f(x)\,dx=\lim_{K\to\infty}\int_a^K f(x)\,dx$

(ⅱ) 積分区間が $(-\infty,\ b]$ の場合 $\displaystyle\int_{-\infty}^b f(x)\,dx=\lim_{K\to\infty}\int_{-K}^b f(x)\,dx$

A

63 次の媒介変数表示の図形の面積を求めよ。 (國 p.67 練習2)

(1) サイクロイド $x=2(t-\sin t)$, $y=2(1-\cos t)$ の $t=0$ から $t=\dfrac{\pi}{2}$ までの部分と x 軸および直線 $x=\dfrac{\pi}{2}$ で囲まれた図形

(2) 円 $x=2\cos t$, $y=2\sin t$ の $t=\dfrac{\pi}{4}$ から $t=\dfrac{3}{4}\pi$ までの部分と x 軸および2直線 $x=\pm\sqrt{2}$ で囲まれた図形

(3) 曲線 $x=t^2$, $y=t^3$ の $t=-1$ から $t=1$ までの部分と直線 $x=1$ で囲まれた図形

64 次の極座標表示の図形の面積を求めよ。 (國 p.69 練習3)

*(1) 極座標表示の曲線 $r=1+\sin\theta$ $\left(0\le\theta\le\dfrac{\pi}{2}\right)$ と2つの半直線 $\theta=0$, $\theta=\dfrac{\pi}{2}$ で囲まれた図形

(2) レムニスケート $r^2=a^2\cos2\theta$ $(a>0)$ で囲まれた図形

(3) 四葉線 $r=a\cos2\theta$ $(a>0)$ で囲まれた図形

(4) 三葉線 $r=a\sin3\theta$ $(a>0)$ で囲まれた図形

65 次の曲線の長さを求めよ。 (國 p.72 練習 4)

(1) 放物線 $y = \dfrac{1}{4}x^2$ の $x = 0$ から $x = 1$ までの部分

(2) 曲線 $y = \log|\cos x|$ の $x = 0$ から $x = \dfrac{\pi}{3}$ までの部分

66 次の曲線の長さを求めよ。a は正の定数である。 (國 p.74 練習 6, p.75 練習 7)

(1) 曲線 $x = 2t^2,\ y = t^3$ の $t = 0$ から $t = 1$ までの部分

(2) サイクロイド $x = a(t - \sin t),\ y = a(1 - \cos t)$ の $t = 0$ から $t = \dfrac{\pi}{2}$ までの部分

(3) 曲線 $r = e^\theta$ の $\theta = 0$ から $\theta = \pi$ までの部分

(4) カージオイド $r = a(1 + \cos\theta)$ の $\theta = \dfrac{\pi}{2}$ から $\theta = \pi$ までの部分

67 次の図形を x 軸のまわりに回転してできる回転体の体積を求めよ。 (國 p.77 練習 9)

(1) 曲線 $y = \tan x$ と x 軸および直線 $x = \dfrac{\pi}{4}$ で囲まれた図形

*(2) 曲線 $y = \log x$ と x 軸および直線 $x = e$ で囲まれた図形

68 次の曲線で囲まれた図形の面積を求めよ。 (國 p.67 練習 2)

(1) 曲線 $x = \log(t^2 + 1),\ y = 6t^3\ (0 \leqq t \leqq 1)$, x 軸, $x = \log 2$

(2) 曲線 $x = \tan t,\ y = \sin t\ \left(0 \leqq t \leqq \dfrac{\pi}{3}\right)$, x 軸, $x = \sqrt{3}$

(3) 曲線 $x = \tan t,\ y = \cos t\ \left(0 \leqq t \leqq \dfrac{\pi}{3}\right)$, x 軸, $x = 0$, $x = \sqrt{3}$

69 次の広義積分を求めよ。 (國 p.81 練習 11-12)

(1) $\displaystyle\int_1^2 \dfrac{1}{\sqrt{x-1}}\,dx$ (2) $\displaystyle\int_0^2 \dfrac{1}{\sqrt{4-x^2}}\,dx$ (3) $\displaystyle\int_{-1}^1 \dfrac{1}{\sqrt{1-x^2}}\,dx$

70 次の広義積分を求めよ。 (國 p.83 練習 13-14)

(1) $\displaystyle\int_1^\infty \dfrac{1}{x^4}\,dx$ (2) $\displaystyle\int_{-\infty}^0 e^x\,dx$ (3) $\displaystyle\int_{-\infty}^\infty \dfrac{1}{1+x^2}\,dx$

◇◆◇◆◇◆◇◆◇◆◇◆◇◆◇◆◇◆◇◆◇◆◇◆◇◆ **B** ◇◆◇◆◇◆◇◆◇◆◇◆◇◆◇◆◇◆◇◆◇◆◇◆◇◆◇◆

71 次の図形の面積を求めよ。

(1) 曲線 $r\cos\theta = \cos 2\theta \left(-\dfrac{\pi}{4} \leqq \theta \leqq \dfrac{\pi}{4}\right)$ で囲まれた図形

(2) 曲線 $r = 1 + 2\cos\theta \left(-\dfrac{2\pi}{3} \leqq \theta \leqq \dfrac{2\pi}{3}\right)$ で囲まれた図形

72 次の曲線の長さを求めよ。

(1) 曲線 $y = \log|\sin x|$ の $x = \dfrac{\pi}{3}$ から $x = \dfrac{\pi}{2}$ までの長さ

(2) 曲線 $x = e^t\cos t,\ y = e^t\sin t$ の $t = 0$ から $t = 1$ までの長さ

(3) 曲線 $x = t\cos t,\ y = t\sin t$ の $t = 0$ から $t = 1$ までの長さ

(4) 曲線 $x = \sin^2 t,\ y = \sin t\cos t$ の $t = 0$ から $t = \pi$ までの長さ

73 次の回転体の体積を求めよ。

(1) 曲線 $x = \sin t,\ y = \sqrt{t}$ の $t = 0$ から $t = \dfrac{\pi}{2}$ までの部分と x 軸および直線 $x = 1$ で囲まれた図形を x 軸のまわりに回転して得られる回転体

(2) 曲線 $x = t^2,\ y = -\cos t$ の $t = 0$ から $t = \pi$ までの部分と x 軸および直線 $x = 0,\ x = \pi^2$ で囲まれた図形を x 軸のまわりに回転して得られる回転体

(3) 曲線 $x = \cos^2 t,\ y = \sin t\cos t$ の $t = 0$ から $t = \dfrac{\pi}{2}$ までの部分と x 軸で囲まれた図形を x 軸のまわりに回転して得られる回転体

(4) 曲線 $x = \cos t,\ y = e^t$ の $t = 0$ から $t = \pi$ までの部分と x 軸および直線 $x = \pm 1$ で囲まれた図形を x 軸のまわりに回転して得られる回転体

74 次の広義積分を求めよ。

(1) $\displaystyle\int_1^2 \dfrac{1}{\sqrt{x^2-1}}\,dx$

(2) $\displaystyle\int_0^\infty xe^{-x^2}\,dx$

(3) $\displaystyle\int_0^\infty e^{-x}\cos x\,dx$

(4) $\displaystyle\int_{-\infty}^\infty \dfrac{1}{4+x^2}\,dx$

(5) $\displaystyle\int_{-\infty}^\infty \dfrac{1}{x^2+2x+2}\,dx$

(6) $\displaystyle\int_0^1 \dfrac{1}{x^n}\,dx \quad (n > 0)$

2 章 の問題

1 関数 $y = f(x)$ が区間 $[a,\ b]$ で連続で $f(x) \geqq 0$ を満たすとする。区間 $[a,\ b]$ を n 等分し，分点を $a = x_0 < x_1 < x_2 < \cdots < x_n = b$ とする。各小区間 $[x_{k-1},\ x_k]$ に対して，底辺 $\Delta x = \dfrac{b-a}{n}$，高さ $f(x_k)$ の長方形を考える。このとき，次の各問いに答えよ。

(1) 定積分 $\displaystyle\int_a^b f(x)\,dx$ を上の長方形の面積の和の極限として求める式を，次の①〜⑥のうちから一つ選べ。

    ① $\displaystyle\lim_{n\to\infty} f(x_k)\,\Delta x$ ② $\displaystyle\lim_{n\to\infty}\sum_{k=1}^{n} f(x_k)\,\Delta x$

    ③ $\displaystyle\lim_{n\to\infty}\sum_{k=1}^{n} f(\Delta x)\,x_k$ ④ $\displaystyle\lim_{n\to\infty}\sum_{k=1}^{n} f'(\Delta x)\,x_k$

    ⑤ $\displaystyle\lim_{n\to\infty}\sum_{k=1}^{n} f'(x_k)\,\Delta x$ ⑥ $\displaystyle\sum_{n=1}^{\infty} f(x_n)\,x$

(2) $\displaystyle\int_0^{\pi}\sin x\,dx$ と等しい式を，次の①〜⑥のうちから一つ選べ。

    ① $\displaystyle\lim_{n\to\infty}\sum_{k=1}^{n}\frac{2\pi}{n}\cdot\sin\frac{2k\pi}{n}$ ② $\displaystyle\lim_{n\to\infty}\sum_{k=1}^{n}\frac{2\pi}{n}\cdot\cos\frac{2k\pi}{n}$

    ③ $\displaystyle\lim_{n\to\infty}\sum_{k=1}^{n}\frac{\pi}{n}\cdot\sin\frac{k\pi}{n}$ ④ $\displaystyle\lim_{n\to\infty}\sum_{k=1}^{n}\frac{\pi}{n}\cdot\cos\frac{k\pi}{n}$

    ⑤ $\displaystyle\lim_{n\to\infty}\sum_{k=1}^{n}\frac{\pi}{2n}\cdot\sin\frac{k\pi}{2n}$ ⑥ $\displaystyle\lim_{n\to\infty}\sum_{k=1}^{n}\frac{\pi}{2n}\cdot\cos\frac{k\pi}{2n}$

2 関数 $f(x) = \dfrac{1}{1+x}$ の区間 $[0,\ 1]$ における定積分 $\displaystyle\int_0^1 \frac{1}{1+x}\,dx$ の値を表す式を，次の①〜⑤の中から一つ選べ。

  ① $\displaystyle\lim_{n\to\infty}\sum_{k=1}^{n}\frac{1}{1+k}$ ② $\displaystyle\lim_{n\to\infty}\sum_{k=1}^{n}\frac{1}{1+n}$ ③ $\displaystyle\lim_{n\to\infty}\sum_{k=1}^{n}\frac{1}{n+k}$

  ④ $\displaystyle\lim_{n\to\infty}\sum_{k=1}^{n}\frac{n}{n+k}$ ⑤ $\displaystyle\lim_{n\to\infty}\sum_{k=1}^{n}\frac{k}{n+k}$

3 次の不定積分を求めよ。

(1) $\displaystyle\int \frac{1-x^2}{1+x^2}\,dx$ (2) $\displaystyle\int \frac{2x-9}{(x-2)(x+3)}\,dx$

(3) $\displaystyle\int \frac{2x}{x^2+x+1}\,dx$ (4) $\displaystyle\int \frac{1}{x^2(x-1)}\,dx$

4 次の不定積分を求めよ。

(1) $\displaystyle\int \frac{x^2}{\sqrt{x^2+1}}\,dx$

(2) $\displaystyle\int \frac{3-2x^2}{\sqrt{1-x^2}}\,dx$

(3) $\displaystyle\int \frac{1-\sin x}{1+\sin x}\,dx$

(4) $\displaystyle\int \frac{1}{5+3\cos x}\,dx$

5 連続関数 $f(x)$ について，次の式が成り立つことを示せ。

(1) $\displaystyle\int_0^\pi f(\sin x)\,dx = 2\int_0^{\frac{\pi}{2}} f(\sin x)\,dx$

(2) $\displaystyle\int_0^{2\pi} f(\sin x)\,dx = \int_{-c}^{2\pi-c} f(\sin x)\,dx$

(3) $\displaystyle\int_0^{2\pi} f(a\cos x + b\sin x)\,dx = 2\int_{-\frac{\pi}{2}}^{\frac{\pi}{2}} f(\sqrt{a^2+b^2}\,\sin x)\,dx$

6 次の問いに答えよ。

(1) 不定積分 $\displaystyle\int t\sin^2 t\,dt$ を求めよ。

(2) 曲線 $x = -\dfrac{t}{\pi}\cos t$, $y = \sin t$ の $t = \dfrac{\pi}{2}$ から $t = \pi$ までの部分と x 軸，y 軸で囲まれた図形の面積を求めよ。

7 曲線 $y = e^x$ および直線 $y = 3$, $x = t$, $x = 2t$ で囲まれる図形の面積を S とする。ただし，$0 \leqq t \leqq \dfrac{1}{2}\log 3$ である。次の問いに答えよ。

(1) S を t の式で表せ。

(2) S の最大値を求めよ。

8 次の回転体の体積を求めよ。

(1) 関数 $y = \sqrt{x}$，x 軸，および直線 $x = 1$ とで囲まれる領域を x 軸のまわりに回転させてできる回転体

(2) 関数 $y = x$, $y = 2x - 2$ と x 軸とで囲まれた図形を，x 軸のまわりに回転して得られる回転体

9 曲線 $x = \mathrm{Tan}^{-1}t$, $y = \dfrac{1}{t^2}$ の $t > 0$ の部分と x 軸および直線 $x = \dfrac{\pi}{4}$, $x = \dfrac{\pi}{2}$ で囲まれた部分の面積を求めよ。

1 | 2変数関数と偏微分

◆◆◆要点◆◆◆

▶関数の極限値

$(x,\ y)$ が $(a,\ b)$ に限りなく近づくとき，$f(x,\ y)$ の極限値は C

$$\Longleftrightarrow \lim_{(x,\ y)\to(a,\ b)} f(x,\ y) = C$$

▶関数の連続性

$f(x,\ y)$ が $(a,\ b)$ で連続 $\Longleftrightarrow \lim_{(x,\ y)\to(a,\ b)} f(x,\ y) = f(a,\ b)$

▶偏微分係数 —— $f(x,\ y)$ の $(x,\ y)=(a,\ b)$ において

(i) x についての偏微分係数 $f_x(a,\ b) = \lim_{h\to 0} \dfrac{f(a+h,\ b)-f(a,\ b)}{h}$

(ii) y についての偏微分係数 $f_y(a,\ b) = \lim_{k\to 0} \dfrac{f(a,\ b+k)-f(a,\ b)}{k}$

▶偏導関数 —— $f(x,\ y)$ の定義域内の各点 $(x,\ y)$ において

(i) x についての偏導関数（y を定数扱いして x で微分したもの）

$$f_x(x,\ y) = \lim_{h\to 0} \frac{f(x+h,\ y)-f(x,\ y)}{h}$$

(ii) y についての偏導関数（x を定数扱いして y で微分したもの）

$$f_y(x,\ y) = \lim_{k\to 0} \frac{f(x,\ y+k)-f(x,\ y)}{k}$$

▶第2次偏導関数 —— $f(x,\ y)$ の偏導関数 $f_x,\ f_y$ を偏微分したものである

$(f_x)_x,\ (f_x)_y,\ (f_y)_x,\ (f_y)_y$ を総称して $f(x,\ y)$ の第2次偏導関数といい，それぞれ $f_{xx},\ f_{xy},\ f_{yx},\ f_{yy}$ で表す。

とくに $f_{xy},\ f_{yx}$ が連続ならば $f_{xy} = f_{yx}$

▶合成関数の微分法 —— $z=f(x,\ y)$ の偏導関数が連続のとき

(I) $x=x(t),\ y=y(t)$ ならば $\dfrac{dz}{dt} = f_x x'(t) + f_y y'(t)$

(II) $x=x(u,\ v),\ y=y(u,\ v)$ ならば $z_u = f_x x_u + f_y y_u$

$$z_v = f_x x_v + f_y y_v$$

▶2変数関数の平均値の定理 —— $f(x,\ y)$ が $(a,\ b)$ の近くで $f_x,\ f_y$ が存在し，

ともに連続ならば，次の式を満たす $\theta\ (0<\theta<1)$ が存在する。

$$f(a+h,\ b+k) = f(a,\ b) + hf_x(a+\theta h,\ b+\theta k)$$
$$+ kf_y(a+\theta h,\ b+\theta k)$$

$h \fallingdotseq 0,\ k \fallingdotseq 0$ ならば次の1次近似式が成立する。

$$f(a+h,\ b+k) \fallingdotseq f(a,\ b) + hf_x(a,\ b) + kf_y(a,\ b)$$

▶**全微分** —— $z = f(x, y)$ が全微分可能ならば，$h \fallingdotseq 0$，$k \fallingdotseq 0$ のとき
$$f(x+h, y+k) - f(x, y) \fallingdotseq hf_x(x, y) + kf_y(x, y)$$
が成り立ち，右辺を $f(x, y)$ の全微分といい dz で表す。通常，次のように表記する。
$$dz = f_x(x, y)dx + f_y(x, y)dy$$

▶**接平面** —— 曲面 $z = f(x, y)$ 上の点 $(a, b, f(a, b))$ での接平面は
$$z - f(a, b) = f_x(a, b)(x-a) + f_y(a, b)(y-b)$$

A

75 次の関数の定義域を求めよ。また，それを xy 平面上に図示せよ。

（國 p.87 練習2）

(1) $f(x, y) = x + y$ (2) $f(x, y) = \sqrt{x+y}$

*(3) $f(x, y) = \sqrt{1-x^2}$ *(4) $f(x, y) = \sqrt{x^2+y^2-1}$

*(5) $f(x, y) = \log xy$ (6) $f(x, y) = \log(x^2+y^2)$

*(7) $f(x, y) = \dfrac{1}{x(y-1)}$ (8) $f(x, y) = \dfrac{1}{\sqrt{x+y^2}}$

76 次の関数の $(x, y) \to (0, 0)$ とするときの極限値があればそれを求めよ。ないと判断するときはその理由を述べよ。

（國 p.90 練習4）

*(1) $f(x, y) = \dfrac{y}{x+y}$ (2) $f(x, y) = \dfrac{x^2}{x^2+y^2}$

(3) $f(x, y) = \dfrac{2xy}{x^2+y^2}$ *(4) $f(x, y) = \dfrac{x^2y}{x^2+y^2}$

*(5) $f(x, y) = x\cos\dfrac{x}{y}$ (6) $f(x, y) = y\sin\dfrac{y}{x}$

*(7) $f(x, y) = \dfrac{x^2-y^2}{\sqrt{x^2+y^2}}$ (8) $f(x, y) = \dfrac{xy}{\sqrt{x^2+y^2}}$

77 次の関数が $(x, y) = (0, 0)$ で連続かどうか調べよ。 （國 p.91 練習5）
$$f(x, y) = \begin{cases} \dfrac{xy^2}{x^2+y^2} & ((x, y) \neq (0, 0) \text{ のとき}) \\ 0 & ((x, y) = (0, 0) \text{ のとき}) \end{cases}$$

78　次の関数の $(x,\ y) = (1,\ 0)$ における偏微分係数を求めよ。（國 p.94 練習6）

*(1)　$f(x,\ y) = x^3 - 3xy + y^3$　　　　(2)　$f(x,\ y) = x + 2x^2 y$

*(3)　$f(x,\ y) = xe^y$　　　　　　　　(4)　$f(x,\ y) = (x + y)\,e^{xy}$

(5)　$f(x,\ y) = \dfrac{2y}{x}$　　　　　　　*(6)　$f(x,\ y) = \dfrac{x - y}{x + y}$

*(7)　$f(x,\ y) = \log(x^2 + y^3)$　　　　(8)　$f(x,\ y) = \sin\left(2\pi x + \dfrac{\pi}{2}y\right)$

79　次の関数の第2次偏導関数を求めよ。（國 p.96 練習7）

*(1)　$f(x,\ y) = xy^2$　　　　　　　(2)　$f(x,\ y) = \log(xy^2)$

(3)　$f(x,\ y) = \dfrac{y}{x + y}$　　　　　*(4)　$f(x,\ y) = (3x + 2y)^3$

(5)　$f(x,\ y) = x^y\quad(x > 0)$　　　*(6)　$f(x,\ y) = \mathrm{Tan}^{-1}(xy)$

*(7)　$f(x,\ y) = \sqrt{x^2 + y^2}$　　　　(8)　$f(x,\ y) = \mathrm{Cos}^{-1}\left(\dfrac{y}{x}\right)\quad(x > 0)$

80　次の関数 $z = f(x,\ y)$ について $\dfrac{dz}{dt}$ を求めよ。（國 p.98 練習9）

*(1)　$z = x^2 + 2y^2,\ x = \sin t,\ y = \cos t$

(2)　$z = xy,\ x = e^t + e^{-t},\ y = 2e^t$

*(3)　$z = x^3 + y^3,\ x = \dfrac{1}{t},\ y = t^2$　　(4)　$z = \dfrac{x - y}{x + y},\ x = e^t,\ y = e^{-t}$

81　次の関数 $z = f(x,\ y)$ について $f_u,\ f_v$ を求めよ。（國 p.98 練習9）

*(1)　$z = \log(x^2 + y^2),\ x = 2u + 3v,\ y = 2u - 3v$

*(2)　$z = x^3 y^2,\ x = \cos u,\ y = \sin v$

(3)　$z = x^2 - 2y^2,\ x = e^u \cos v,\ y = e^u \sin v$

82　1次近似式を利用して次の近似値を求めよ。（単位は **cm**）（國 p.101 練習11）

*(1)　縦6横8の長方形で縦を 0.1 長く横を 0.1 短くしたときの面積

(2)　縦50横120の長方形で縦を 2.6 長く横を 2.6 短くした対角線の長さ

83　次の関数 $z = f(x,\ y)$ の全微分を求めよ。（國 p.104 練習12）

*(1)　$z = \cos(3x + 2y)$　　　　　(2)　$z = \mathrm{Sin}^{-1}(xy)$

*(3)　$z = \dfrac{y}{x} - \dfrac{x}{y}$　　　　　　(4)　$z = x\tan y$

* **84**　全微分の式を利用して次の近似値を求めよ。（単位は **cm³**）（國 p.104 練習13）

縦6横8高さ6の直方体で縦と高さを 0.1 長くし，横を 0.1 短くしたときの体積の増加量。

85 関数 $z = f(x, y) = x^2 + y^2$ のグラフ上の，次の点における接平面の方程式を求めよ。 (國 p.105 練習 14)

*(1) $(1, 2, 5)$ (2) $(0, 1, 1)$

86 $z = f(x, y)$ のグラフ上で (x, y) 座標が次の座標であるような点における接平面の方程式を求めよ。 (國 p.105 練習 14)

*(1) $z = x^2 - y^2,\ (2, 2)$ (2) $z = \sqrt{9 - x^2 - y^2},\ (2, 1)$

*(3) $z = \dfrac{y}{x + y},\ (2, -1)$ (4) $z = x^2 y + xy,\ (1, 1)$

◇◆◇◆◇◆◇◆◇◆◇◆◇◆◇◆◇◆◇◆◇◆◇◆◇ **B** ◇◆◇◆◇◆◇◆◇◆◇◆◇◆◇◆◇◆◇◆◇◆◇◆◇

87 次の関数において $(x, y) \to (0, 0)$ とするときの極限値があればそれを求めよ。ないと判断するときはその理由を示せ。

(1) $f(x, y) = \dfrac{xy^2}{x^2 + y^4}$ *(2) $f(x, y) = \dfrac{x^2}{x + y}$

例題 1 次の関数が原点 $(0, 0)$ で(i)連続でないこと，(ii)偏微分可能であることを示せ。

$$f(x, y) = \begin{cases} \dfrac{xy}{x^2 + y^2} & ((x, y) \neq (0, 0) \text{ のとき}) \\ 0 & ((x, y) = (0, 0) \text{ のとき}) \end{cases}$$

考え方 偏微分の定義式を用いて極限値のあることを調べる。(i)よりこの関数は全微分可能でないので (國 p.103)，偏微分可能だが全微分可能でない例である。

解 (i) $\displaystyle\lim_{(x, y) \to (0, 0)} \frac{xy}{x^2 + y^2} = \lim_{r \to 0} \frac{r\cos\theta\, r\sin\theta}{r^2\cos^2\theta + r^2\sin^2\theta} = \cos\theta\sin\theta$

θ を固定して $r \to 0$ とするとき θ によって異なる値に近づくので極限値はない。よって $\displaystyle\lim_{(x, y) \to (0, 0)} f(x, y) = f(0, 0)$ が成立しないので $f(x, y)$ は $(0, 0)$ で連続でない。(國 p.91 例5)

(ii) $f_x(0, 0) = \displaystyle\lim_{h \to 0} \frac{f(0 + h, 0) - f(0, 0)}{h} = \lim_{h \to 0} \frac{0 - 0}{h} = 0$

よって，x について偏微分可能である。

$f_y(0, 0) = \displaystyle\lim_{k \to 0} \frac{f(0, 0 + k) - f(0, 0)}{k} = \lim_{k \to 0} \frac{0 - 0}{k} = 0$

よって，y について偏微分可能である。

88 次の関数が原点 $(0, 0)$ で，(i) 連続であること，(ii) 偏微分可能であること
を示せ。

$$f(x, y) = \begin{cases} xy\dfrac{x^2 - y^2}{x^2 + y^2} & ((x, y) \neq (0, 0) \text{ のとき}) \\ 0 & ((x, y) = (0, 0) \text{ のとき}) \end{cases}$$

89 前問の関数について，f_x の $(0, 0)$ における y についての偏微分係数
$f_{xy}(0, 0)$，および f_y の $(0, 0)$ における x についての偏微分係数 $f_{yx}(0, 0)$
を偏微分の定義式を用いて求め $f_{xy}(0, 0) \neq f_{yx}(0, 0)$ であることを示せ。

90 関数 $z = f(x, y)$ について $\dfrac{\partial^2 f}{\partial x^2} + \dfrac{\partial^2 f}{\partial y^2}$ を Δf で表し，$\Delta = \dfrac{\partial^2}{\partial x^2} + \dfrac{\partial^2}{\partial y^2}$
のことをラプラシアンという。また $\Delta f = 0$ となる関数 $f(x, y)$ を調和
関数という。次の関数が調和関数かどうかを調べよ。

(1) $z = \dfrac{x}{x^2 + y^2}$ (2) $z = \dfrac{1}{\sqrt{x^2 + y^2}}$

(3) $z = \dfrac{x}{x + y}$ (4) $z = \log\sqrt{x^2 + y^2}$

91 関数 $z = f(x, y)$ について次のことが成立することを示せ。ただし，α
は定数とする。

(1) $x = u\cos\alpha - v\sin\alpha, \ y = u\sin\alpha + v\cos\alpha$ のとき

$$z_{xx} + z_{yy} = z_{uu} + z_{vv}$$

(2) $x = e^u\cos v, \ y = e^u\sin v$ のとき

$$z_{xx} + z_{yy} = e^{-2u}(z_{uu} + z_{vv})$$

92 関数 $z = f(x, y)$ について，第3次までの偏導関数が存在して，それら
がすべて連続のとき次の式が成立することを示せ。

(1) $f_{xxy} = f_{xyx} = f_{yxx}$ (2) $f_{yyx} = f_{yxy} = f_{xyy}$

93 変数，関数およびその偏導関数の間の関係を示した方程式を偏微分方程式
という。次の関数が与えられた偏微分方程式を満たすことを示せ。ただし，
a, b は定数であって，$ab \neq 0$ とする。

(1) $z = f(ax + by), \ bz_x - az_y = 0$

(2) $z = f(xy), \ xz_x - yz_y = 0$

(3) $z = f\left(\dfrac{y}{x}\right), \ xz_x + yz_y = 0$

(4) $z = f(x + ay) + g(x - ay), \ a^2 z_{xx} - z_{yy} = 0$

例題
2

関数 $z = f(x, y)$ が $bz_x - az_y = 0$ を満たすならば，z は $ax + by$ の関数であることを示せ。ただし，a, b は定数で $ab \neq 0$ とする。

考え方 $ax + by = u$ とおき，z を x と u の関数とみて，x で偏微分したとき 0 になれば z は u の関数である。

解 $ax + by = u$ より $y = \dfrac{u - ax}{b}$。z は x, y の関数であって，x, y はともに x と u の式であるとみなせるので合成関数の微分法(II)が使えて

$$\frac{\partial}{\partial x} f\left(x, \frac{u - ax}{b}\right) = f_x \cdot (x)_x + f_y \cdot (y)_x = f_x + f_y \cdot \left(-\frac{a}{b}\right)$$
$$= f_x + (-f_x) \quad (\text{なぜなら，仮定より } bf_x = af_y)$$
$$= 0$$

よって，$f\left(x, \dfrac{u - ax}{b}\right)$ は u の関数である。

---

94 関数 $z = f(x, y)$ が $xz_x + yz_y = 0$ を満たすならば z は $\dfrac{y}{x}$ の関数であることを示せ。

━━━━━━━━━ ◀ 発展問題 ▶ ━━━━━━━━━

95 関数 $z = f(x, y)$ に 2 次までの偏導関数 f_x, f_y, f_{xy}, f_{yx} が存在して，それらがすべて連続とする。このとき $f_{xy} = f_{yx}$ であることを 1 変数の平均値の定理を利用して証明せよ。

96 3 つ以上の変数をもつ関数についても 2 変数関数と同様に偏微分係数および偏導関数が定義され，同様の記号で表される。関数 $u = f(x, y, z)$ について u_x は y, z を定数扱いして x で微分したものであり，u_y, u_z も同様である。次の関数の $u_x + u_y + u_z$ を求めよ。

(1) $u = \log(x^3 + y^3 + z^3 - 3xyz)$ (2) $u = (x - y)(y - z)(z - x)$

97 関数 $u = (x, y, z)$ について，$\dfrac{\partial^2 u}{\partial x^2} + \dfrac{\partial^2 u}{\partial y^2} + \dfrac{\partial^2 u}{\partial z^2}$ を Δu で表し，

$\Delta = \dfrac{\partial^2}{\partial x^2} + \dfrac{\partial^2}{\partial y^2} + \dfrac{\partial^2}{\partial z^2}$ をラプラシアン，$\Delta u = 0$ となる関数

$u(x, y, z)$ を調和関数という。次の関数が調和関数かどうかを調べよ。

(1) $u = (x^2 + y^2 + z^2)^{-\frac{1}{2}}$ (2) $u = (x - y)(y - z)(z - x)$

2 偏微分の応用

◆◆◆要点◆◆◆

▶**極値をとる点のもつ条件** —— 偏微分可能な関数 $z = f(x, y)$ が点 (a, b) で極値をとるならば $f_x(a, b) = 0$ かつ $f_y(a, b) = 0$

▶**極値をとるかどうかの判定** —— 関数 $z = f(x, y)$ が，点 (a, b) のまわりで 2 回微分可能で，第 1 次および第 2 次偏導関数がすべて連続，かつ $f_x(a, b) = 0$ と $f_y(a, b) = 0$ が成立するとする。このとき，ヘシアン $H(x, y) = f_{xx}(x, y) f_{yy}(x, y) - \{f_{xy}(x, y)\}^2$ について，

(i) $H(a, b) > 0$ のとき $f(x, y)$ は点 (a, b) で極値 $f(a, b)$ をとる。

とくに $f_{xx}(a, b) > 0$ のとき，この極値は極小値である。

また，$f_{xx}(a, b) < 0$ のとき，この極値は極大値である。

(ii) $H(a, b) < 0$ のとき，$f(x, y)$ は点 (a, b) で極値をとらない。

(注意) $H(a, b) = 0$ のときはどちらともいえないので別に考える。

▶**陰関数** —— x, y の方程式 $F(x, y) = 0$ から定められる x の関数 y のことを x の陰関数という。

▶**陰関数定理** —— 関数 $z = F(x, y)$ はある領域 D で連続であり，F_x, F_y はともに連続であるとする。また，D 内の点 (a, b) で $F(a, b) = 0$ が成立し $F_y(a, b) \neq 0$ とする。このとき $x = a$ の十分近くにおいては次の条件を満たす微分可能な関数 $y = f(x)$ がただ 1 つ定まる。

[1] $F(x, f(x)) = 0$ 　　[2] $b = f(a)$ 　　[3] $\dfrac{dy}{dx} = \dfrac{-F_x(x, y)}{F_y(x, y)}$

▶**接線・法線の方程式** —— 方程式 $F(x, y) = 0$ で表される曲線上の点 (a, b) における接線は $F_x(a, b)(x - a) + F_y(a, b)(y - b) = 0$

(a, b) における法線は $F_y(a, b)(x - a) - F_x(a, b)(y - b) = 0$

$$(F_x(a, b) \neq 0 \ または \ F_y(a, b) \neq 0)$$

▶**陰関数の極値** —— 方程式 $F(x, y) = 0$ により定められた x の関数 y の極値を求めるためには次の方法をとればよい。

[1] $F(x, y) = 0$, $F_x(x, y) = 0$ を満たす点 (a, b) を求める。

[2] $-\dfrac{F_{xx}(a, b)}{F_y(a, b)}$ の符号を調べる。

この符号が正ならば b は y の極小値，負ならば b は y の極大値である。

▶**条件付極値をとる点のもつ条件** —— 条件 $g(x, y) = 0$ のもとで，関数 $z = f(x, y)$ が極値をとる点 $(x, y) = (a, b)$ について次の式が成立する。

[1] $g(a, b) = 0$ 　　[2] $f_x(a, b) g_y(a, b) - g_x(a, b) f_y(a, b) = 0$

A

98 次の関数 $z = f(x, y)$ の極値を求めよ。 （國 p.114 練習 1)

*(1) $z = x^2 - xy + y^2 - 3y$ 　　(2) $z = x^2 + xy - y^2 - 5x - y$

(3) $z = x^3 - x^2 + y^2$ 　　*(4) $z = x^3 - 3xy + y^3$

(5) $z = x^3 + y^3 - 3x - 12y$ 　　(6) $z = x^4 + y^2 + 2x^2 - 4xy + 1$

(7) $z = x^3 - 9xy + y^3 + 1$ 　　*(8) $z = x^4 - 4xy + 2y^2$

99 次の方程式で与えられる x の関数 y の導関数を求めよ。 （國 p.115 練習 2)

*(1) $x^2 + y^2 = 4$ 　　(2) $\cos x + \sin y = 1$

*(3) $x + y + \log x + \log y = 0$ 　　(4) $x + y = e^x + e^y$

100 次の曲線上の，与えられた点における接線 l および法線 l' の方程式を求め
よ。 （國 p.116 練習 3)

*(1) $x^2 + y^2 = 4$, $(1, \sqrt{3})$ 　　*(2) $x^3 + 3xy + y^3 = 5$, $(1, 1)$

(3) $x^2 - xy + y^2 - 3y = 0$, $(2, 1)$ (4) $x^3 - x^2 + y^2 = 4$, $(1, 2)$

101 次の方程式で与えられた陰関数 y の極値を求めよ。 （國 p.118 練習 4)

(1) $x^2 - 2xy + 3y^2 = 2$ 　　(2) $x^2 + xy + y^2 = 1$

(3) $x^2 - xy + y^3 = 7$ 　　(4) $xy^2 - x^2y = 2$

102 与えられた条件のもとでの次の関数 $z = f(x, y)$ の極値を求めよ。ただ
し，次の定理は証明せず用いてよい。「条件 $\dfrac{x^2}{a^2} + \dfrac{y^2}{b^2} = 1 \ (a > 0,$
$b > 0)$ のもとで連続関数は必ず最大値と最小値をとる」⊛ （國 p.121 練習 5)

*(1) $x^2 + y^2 = 2$, $z = y - x$ 　　*(2) $x^2 + 2y^2 = 1$, $z = x + y$

*(3) $x^2 + 2y^2 = 1$, $z = xy$ 　　(4) $x^2 + 2y^2 = 2$, $z = (x-1)^2 + y^2$

(5) $x^2 + y^2 = 4$, $z = xy^3$ 　　(6) $x^2 + y^2 = 1$, $z = x^3 + y^3$

B

103 次の関数 $z = f(x, y)$ の極値を求めよ。

(1) $z = \sin x + \sin y + \sin(x + y)$ $(0 < x < \pi, \ 0 < y < \pi)$

(2) $z = \cos x + \cos y - \cos(x + y)$ $\left(0 < x < \dfrac{\pi}{2}, \ 0 < y < \dfrac{\pi}{2}\right)$

(3) $z = \sin x + \cos y + \sin(x + y)$ $(0 \leqq x \leqq \pi, \ 0 \leqq y \leqq \pi)$

例題 3 関数 $z = f(x, y) = x^2 y$ の極値を調べよ。

考え方 点 $\mathrm{P}(a, b, f(a, b))$ が曲面 $z = f(x, y)$ の極小点であるときは，曲面を P を通り xy 平面に垂直な任意の平面で切った切り口（曲線）においても P は必ず極小点になっている。極大点についても同様。

解 $f_x = 2xy = 0$，$f_y = x^2 = 0$ となるのは $(x, y) = (0, 0)$ のとき。ところが $\mathrm{H}(x, y) = 2y \cdot 0 - (2x)^2 = -4x^2$ より $\mathrm{H}(0, 0) = 0$。そこで $(x, y) = (0, 0)$ 近くでの z の変化をみる。$y = 0$ とすると $z = 0$（曲面 $z = x^2 y$ と平面 $y = 0$ の交わりは xz 平面上の x 軸）なので $(0, 0, 0)$ は極大点でも極小点でもない。

104 次の関数 $z = f(x, y)$ の極値を調べよ。

(1) $z = xy$ *(2) $z = y^2 - 2x^2$

(3) $z = xy + \dfrac{4}{x} + \dfrac{2}{y}$ (4) $z = xy + \dfrac{a}{x} + \dfrac{a}{y}$ $(a > 0)$

(5) $z = x^2 + xy + y^2 + \dfrac{3(x+y)}{xy}$ (6) $z = x^3 + y^3 + x^2 + 2xy + y^2$

(7) $z = 3x^4 - 2x^2 y + y^2$ (8) $z = x^4 + y^4 - x^2 + 2xy - y^2$

例題 4 $2x^2 + 2xy + y^2 + 1 = 0$ …① によって定められる x の陰関数 $y = f(x)$ について y'，y'' を x と y の式で表せ。

考え方 p.35 陰関数定理[3] $y' = \dfrac{-F_x}{F_y}$ と商の微分法から y'' を求める（國 p.117, 15 行目の公式）。また $F(x, y) = 0$ のとき，合成関数の微分法 (p.29) より

$$\frac{d}{dx}F_x = F_{xx} + F_{xy}\frac{dy}{dx}, \qquad \frac{d}{dx}F_y = F_{yx} + F_{yy}\frac{dy}{dx} \text{ が成立。}$$

解 $F(x, y) = 2x^2 + 2xy + y^2 + 1$ とおく。

$F_x = 4x + 2y$，$F_y = 2x + 2y$ を陰関数定理[3]の公式に代入すると y' は

$$y' = \frac{-(4x+2y)}{2x+2y} = -\frac{2x+y}{x+y} \quad \cdots\cdots②$$

となる。また，商の微分法より

$$y'' = -\frac{(2+y')(x+y) - (2x+y)(1+y')}{(x+y)^2} = -\frac{y - xy'}{(x+y)^2}$$

となり，y' のところに②式を代入して整理すると

$$y'' = -\frac{2x^2 + 2xy + y^2}{(x+y)^3} = \frac{1}{(x+y)^3} \quad (①より)$$

105 次の方程式によって定められる x の陰関数 $y = f(x)$ について y', y'' を x と y の式で表せ（a, b, c は定数）。

(1) $x^2 + y^2 = 4$ (2) $x^3 + xy^2 = 2$

(3) $x^3 - 3axy + y^3 = 0$ (4) $ax^2 + 2cxy + by^2 = 1$

106 次の曲線上の点 P における接線および法線の方程式を求めよ。m, n, a, b は定数で，$mn \neq 0$, $a > 0$, $b > 0$ とする。

(1) $x^m + y^n = 2$, P$(1, 1)$ (2) $x^m y^n = 1$, P$(1, 1)$

(3) 楕円 $\dfrac{x^2}{a^2} + \dfrac{y^2}{b^2} = 1$, P$(x_0, y_0)$ (4) 放物線 $y^2 = 4mx$, P(x_0, y_0)

(5) 双曲線 $xy = m$, P(x_0, y_0) (6) 双曲線 $\dfrac{x^2}{a^2} - \dfrac{y^2}{b^2} = 1$, P$(x_0, y_0)$

107 次の方程式で定められる x の陰関数 $y = f(x)$ の極値を求めよ。

(1) $(x^2 + y^2)^2 = a^2(x^2 - y^2)$ $(a > 0)$ *(2) $xy^2 - x^2 y = 2a^3$ $(a > 0)$

108 点 (x_0, y_0) から直線 $ax + by + c = 0$ までの距離を求めよ。

109 半円の直径を一辺とし，半円に内接する四角形で面積が最大になるものを求めよ。

110 1つの頂点に集まる3つの辺の長さの和が一定の値 k である直方体のうち，表面積が最大になるもの，体積が最大になるものをそれぞれ求めよ。

111 半径が定数 k である円に内接する三角形のうち面積が最大のものを求めよ。

112 容積が定数 k のふたなし直方体状容器で表面積が最小になるものを求めよ。

113 関数 $z = (x^2 + y^2)^2 - 2a^2(x^2 - y^2)$ の極値を求めよ。ただし，$a \neq 0$ とする。

114 領域 D が $x^2 + y^2 \leqq 1$ を満たす点 (x, y) 全体であるとする。このとき，関数 $z = x^2 + xy + y^2$ の D における最大値，最小値を求めよ。

2 偏微分の応用 | **39**

━━━━━━━━━━━━━ 発展問題 ━━━━━━━━━━━━━

例題 5 体積が定数 k の直方体のうち表面積が最小のものを求めよ。

考え方 条件 $g(x, y) = 0$ のもとで $f(x, y)$ が極値をとる点 (x, y) では
$$f_x g_y - f_y g_x = 0 \quad \cdots \cdots ⑦$$
を満たす必要があったのと同様，条件 $g(x, y, z) = 0$ のもとで $f(x, y, z)$ が極値をとる点 (x, y, z) では
$$f_x g_y - f_y g_x = 0 \quad かつ \quad f_y g_z - f_z g_y = 0 \quad \cdots \cdots ④$$
を満たす必要がある。⑦，④はそれぞれ $\dfrac{f_x}{g_x} = \dfrac{f_y}{g_y} \ (= \lambda)$, $\dfrac{f_x}{g_x} = \dfrac{f_y}{g_y} = \dfrac{f_z}{g_z}$
$(= \lambda)$ と表せる（各分母 $\neq 0$ とする）。

解 縦 x，横 y，高さ z の直方体の体積 $xyz = k$ より，
$$g(x, y, z) = xyz - k = 0$$
の条件のもと，表面積 $f(x, y, z) = 2(xy + yz + zx)$ が極値をとる点では⑦より
$$\frac{2(y+z)}{yz} = \frac{2(z+x)}{zx} = \frac{2(x+y)}{xy} \quad つまり$$
$$\frac{1}{z} + \frac{1}{y} = \frac{1}{x} + \frac{1}{z} = \frac{1}{y} + \frac{1}{x}$$
が必要。このとき $x = y = z$ であり，答は一辺 $\sqrt[3]{k}$ の立方体。

115 三角形の内部の 1 点から三辺までの距離の平方和を最小にする点を求めよ。

116 周の長さが $2k$ の三角形のうち面積が最大のものを求めよ。

117 点 (x_0, y_0, z_0) から平面 $ax + by + cz + d = 0$ までの距離を求めよ。

3 章 の問題

1 次の問いに答えよ。

(1) 関数 $f(x, y) = xy^2$ について，点 $(1, 2)$ における偏微分係数を，その定義式 (p.29) に基づいて計算せよ。

(2) 関数 $z = \sin xy$ の偏導関数を求めよ。

(3) 関数 $z = 3x^3 + 4xy - 5y^2$ の第 2 次偏導関数を求めよ。

(4) 関数 $z = \log(x^2 + y^2)$ について，$x = u + v$，$y = u - 2v$ であるとき，z_u，z_v を求めよ。

2 次の問いに答えよ。

(1) 関数 $z = e^{-\frac{y}{x}}$ について $\dfrac{\partial z}{\partial x}$，$\dfrac{\partial z}{\partial y}$ を求めよ。

(2) 関数 $z = x^2 + 3y + 4xy$ について $\dfrac{\partial^2 z}{\partial x^2}$，$\dfrac{\partial^2 z}{\partial x \partial y}$ を求めよ。

(3) 関数 $z = \cos(2x + y)$ について，$x = u$，$y = u^2 - v$ であるとき $\dfrac{\partial z}{\partial u}$，$\dfrac{\partial z}{\partial v}$ を求めよ。

3 次の問いに答えよ。

(1) 関数 $f(x, y) = 3xy + 2x^3 - y - 1$ について偏導関数 $f_x(x, y)$，$f_y(x, y)$ を求めよ。

(2) (1)の関数について $(x, y) = (1, 1)$ における第 2 次偏微分係数のうちの 2 つ $f_{xx}(1, 1)$ と $f_{xy}(1, 1)$ を求めよ。

(3) 関数 $z = x^3 - 3xy^2$ について x の増分 Δx，y の増分 Δy が十分小さいとき z の増分 Δz の 1 次近似式 (p.29)，すなわち Δx と Δy の 1 次式 $\boxed{} \cdot \Delta x + \boxed{} \cdot \Delta y$ の形の近似式を求めよ。

(4) 関数 $z = f(u, v)$ について，$u = 2x + 3y$，$v = 4x + 5y$ であるとき $\dfrac{\partial z}{\partial y}$ を $\dfrac{\partial z}{\partial u}$ と $\dfrac{\partial z}{\partial v}$ の 1 次式，すなわち $\boxed{} \cdot \dfrac{\partial z}{\partial u} + \boxed{} \cdot \dfrac{\partial z}{\partial v}$ の形の式で表せ。

4 関数 $f(x, y) = x^2 - 6xy + 10y^2 + 2x - 10y$ について各問いに答えよ。

(1) $f_x = 0$ かつ $f_y = 0$ となる (x, y) があればそれを求めよ。

(2) 極値があればそれを求め，それが極大値であるか極小値であるかを調べよ。

5 次の問いに答えよ。

(1) 関数 $z = \dfrac{x}{y^2}$ について第 2 次偏導関数を求めよ。

(2) 次の関数について $(x, y) = (0, 0)$ で極小値または極大値をとるかどうかを調べよ。

   (i) $z = x^2 - y^3$ (ii) $z = -x^2 - y^2$

   (iii) $z = x^2 - y^4$ (iv) $z = x^4 + y^2$

(3) 関数 $z = x^2 y^3$ について，$(x, y) = (1, 1)$ から x の値が 0.02，y の値が 0.01 だけ増加したときの z の変化の近似値を，偏導関数を用いて求めよ。

6 関数 $z = f(x, y) = x^3 - xy + y^3$ について次の問いに答えよ。

(1) $f_x,\ f_y,\ f_{xx},\ f_{xy},\ f_{yy}$ を求めよ。

(2) $f_x = 0$ かつ $f_y = 0$ を満たすような (x, y) を求めよ。

(3) (2)で求めた (x, y) についてヘシアン $\mathrm{H}(x, y) = f_{xx} f_{yy} - \{f_{xy}\}^2$ の値を求めよ。

(4) $f(x, y)$ の極値を求めよ。

(5) (4)で求めた値が極大値であるか極小値であるかを調べよ。

(6) 与式で表された xyz 空間内の曲面上の点 $(1, 1, 1)$ における接平面の方程式を $z - \square = \square(x - \square) + \square(y - \square)$ の形で表せ（$\square$ は整数）。

(7) $(x, y) = (1, 1)$ から x の値が 0.01，y の値が 0.02 増加したときの z の変化の近似値を(6)で求めた式を用いて求めよ。

7 方程式 $y^2 = x^2(x + 2)$ で定められた曲線 C について次の問いに答えよ。

(1) 与式で定められた x の関数 y について $\dfrac{dy}{dx},\ \dfrac{d^2 y}{dx^2}$ を求めよ。

(2) $x = -1$ である点における C の接線方程式と法線方程式を求めよ。

(3) 曲線 C は(2)の各点において上に凸か下に凸かを調べよ。

(4) $\dfrac{dy}{dx} = 0$ を満たすような (x, y) を求めよ。

(5) 与式で定められた x の関数 y の極値を求めよ。

8 関数 $f(x, y) = 5x^2 - 6xy + 5y^2 - 4$ について次の問いに答えよ。

(1) $f(x, y)$ の極値を求めよ。

(2) 条件 $x^2 + y^2 = 1$ のもとでの $f(x, y)$ の極値を求めよ。

(3) 条件 $x^2 + y^2 \leqq 1$ のもとでの $f(x, y)$ の最大値と最小値を求めよ。

1 | 重積分

▶2重積分と累次積分

(1) 閉領域 $D = \{(x,\ y)\,|\,a \leqq x \leqq b,\ g_1(x) \leqq y \leqq g_2(x)\}$ のとき

$$\iint_D f(x,\ y)\,dxdy = \int_a^b \int_{g_1(x)}^{g_2(x)} f(x,\ y)\,dydx$$

(2) 閉領域 $D = \{(x,\ y)\,|\,h_1(y) \leqq x \leqq h_2(y),\ c \leqq y \leqq d\}$ のとき

$$\iint_D f(x,\ y)\,dxdy = \int_c^d \int_{h_1(y)}^{h_2(y)} f(x,\ y)\,dxdy$$

(1)

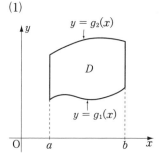

(2)

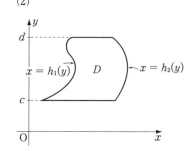

▶2重積分と変数変換

　　変数変換 $x = x(u,\ v)$, $y = y(u,\ v)$ について，uv 平面の閉領域 D' と xy 平面上の閉領域 D とが対応するとき，

$$J(u,\ v) = \frac{\partial(x,\ y)}{\partial(u,\ v)} = \begin{vmatrix} x_u & x_v \\ y_u & y_v \end{vmatrix} = x_u y_v - y_u x_v \ (\text{ヤコビアン})$$

とおけば $|J(u,\ v)|$（$|\ \ |$ は絶対値）を用いて次のように表せる。

$$\iint_D f(x,\ y)\,dxdy = \iint_{D'} f(x(u,\ v),\ y(u,\ v))|J(u,\ v)|\,dudv$$

(i) 一次変換 $\begin{cases} x = au + bv \\ y = cu + dv \end{cases}$ では $|J(u,\ v)| = |ad - bc|$ で，

$$\iint_D f(x,\ y)\,dxdy = \iint_{D'} f(au + bv,\ cu + dv)|ad - bc|\,dudv$$

(ii) 極座標変換 $\begin{cases} x = r\cos\theta \\ y = r\sin\theta \end{cases}$ では $|J(r,\ \theta)| = r$ となり，

$$\iint_D f(x,\ y)\,dxdy = \iint_{D'} f(r\cos\theta,\ r\sin\theta)\,r\,drd\theta$$

A

118 次の2重積分の値を求めよ。 (國 p.130 練習 1)

*(1) $\displaystyle\int_0^3\int_0^1 (4-y^2)\,dy\,dx$

(2) $\displaystyle\int_{-1}^1\int_{-1}^0 (x+y+1)\,dy\,dx$

(3) $\displaystyle\int_{-2}^{-1}\int_0^1 (\sin(\pi y)+\cos(\pi x))\,dy\,dx$

*(4) $\displaystyle\int_{-1}^2\int_0^1 xe^{xy}\,dy\,dx$

119 次の2重積分の値を求めよ。 (國 p.131 練習 2)

*(1) $\displaystyle\int_{-2}^0\int_0^{x+2} dy\,dx$

*(2) $\displaystyle\int_0^1\int_0^{1-x} (x^2+y^2)\,dy\,dx$

(3) $\displaystyle\int_1^2\int_x^{2x} \frac{x}{y}\,dy\,dx$

(4) $\displaystyle\int_0^\pi\int_0^{\sin x} 2y\,dy\,dx$

120 次の2重積分の値を求めよ。 (國 p.133 練習 3, 4)

*(1) $\displaystyle\int_0^1\int_{y^2}^y dx\,dy$

(2) $\displaystyle\int_\pi^{2\pi}\int_0^\pi (\sin x+\cos y)\,dx\,dy$

*(3) $\displaystyle\int_0^1\int_0^\pi y\cos(xy)\,dx\,dy$

(4) $\displaystyle\int_0^1\int_0^1 e^{x+y}\,dx\,dy$

121 次の2重積分の積分領域 D を求め，それを図示せよ。 (國 p.135 練習 5, 6)

*(1) $\displaystyle\int_{-2}^0\int_0^{x+2} f(x,\ y)\,dy\,dx$

*(2) $\displaystyle\int_0^1\int_{x^2}^x f(x,\ y)\,dy\,dx$

(3) $\displaystyle\int_0^1\int_0^{\sqrt{1-x^2}} f(x,\ y)\,dy\,dx$

(4) $\displaystyle\int_0^1\int_{1-y}^{\sqrt{1-y}} f(x,\ y)\,dx\,dy$

(5) $\displaystyle\int_2^4\int_2^{\frac{4-y}{2}} f(x,\ y)\,dx\,dy$

*(6) $\displaystyle\int_{-2}^2\int_0^{\sqrt{4-y^2}} f(x,\ y)\,dx\,dy$

122 次の2重積分の値を，積分順序を交換して求めよ。 (國 p.135 練習 5, 6)

(1) $\displaystyle\int_0^\pi\int_x^\pi \frac{\cos y}{y}\,dy\,dx$

*(2) $\displaystyle\int_0^1\int_x^1 y^2\sin(\pi xy)\,dy\,dx$

*(3) $\displaystyle\int_0^1\int_y^1 x^2e^{xy}\,dx\,dy$

(4) $\displaystyle\int_0^2\int_{\frac{y}{2}}^1 e^{x^2}\,dx\,dy$

123 次の2重積分の値を，変数変換を利用して求めよ。

(國 p.138 練習 7, p.142 練習 8)

*(1) $\displaystyle\iint_D \sqrt{x^2+y^2}\,dx\,dy,$ $\qquad D=\{(x,\ y)\,|\,x^2+y^2\leqq 1\}$

(2) $\displaystyle\iint_D x\,dx\,dy,$ $\qquad D=\{(x,\ y)\,|\,x^2+y^2\leqq 1,\ x\geqq 0\}$

(3) $\displaystyle\iint_D \sin(x+y)\,dx\,dy,$ $\quad D=\{(x,\ y)\,|\,0\leqq x-y\leqq\pi,\ 0\leqq x+y\leqq\pi\}$

◇◆◇◆◇◆◇◆◇◆◇◆◇◆◇◆◇◆◇◆◇◆◇◆ **B** ◇◆◇◆◇◆◇◆◇◆◇◆◇◆◇◆◇◆◇◆◇◆◇◆◇

124 次の2重積分を求めよ。

(1) $\displaystyle\iint_D 6xy^2\,dxdy,$ $\qquad D = \{(x,\ y)\,|\,2 \leqq x \leqq 4,\ 1 \leqq y \leqq 2\}$

(2) $\displaystyle\iint_D \frac{1}{(2x+3y)^2}\,dxdy,$ $D = \{(x,\ y)\,|\,0 \leqq x \leqq 1,\ 1 \leqq y \leqq 2\}$

(3) $\displaystyle\iint_D x\cos^2 y\,dxdy,$ $\qquad D = \left\{(x,\ y)\,\Big|\,-2 \leqq x \leqq 3,\ 0 \leqq y \leqq \frac{\pi}{2}\right\}$

(4) $\displaystyle\iint_D e^{\frac{x}{y}}\,dxdy,$ $\qquad D = \{(x,\ y)\,|\,1 \leqq y \leqq 2,\ y \leqq x \leqq y^3\}$

(5) $\displaystyle\iint_D 4xy\,dxdy,$ $\qquad D = \{(x,\ y)\,|\,0 \leqq x \leqq 1,\ x^3 \leqq y \leqq \sqrt{x}\,\}$

(6) $\displaystyle\iint_D dxdy,$ $\qquad D = \left\{(x,\ y)\,\Big|\,-\frac{y}{2}+\frac{3}{2} \leqq x \leqq 2y-1,\ 1 \leqq y \leqq 3\right\}$

(7) $\displaystyle\iint_D x^3 e^{y^3}\,dxdy,$ $\qquad D = \{(x,\ y)\,|\,0 \leqq x \leqq 1,\ x^2 \leqq y \leqq 1\}$

125 次の2重積分を求めよ。

(1) $\displaystyle\iint_D \sqrt{9-x^2-y^2}\,dxdy,$ $D = \{(x,\ y)\,|\,x^2+y^2 \leqq 5\}$

(2) $\displaystyle\iint_D \cos(x^2+y^2)\,dxdy,$ $D = \{(x,\ y)\,|\,0 \leqq x \leqq \sqrt{1-y^2},\ 0 \leqq y \leqq 1\}$

(3) $\displaystyle\iint_D \frac{2}{1+\sqrt{x^2+y^2}}\,dxdy,$
$\qquad\qquad\qquad D = \{(x,\ y)\,|\,-1 \leqq x \leqq 0,\ -\sqrt{1-x^2} \leqq y \leqq 0\}$

(4) $\displaystyle\iint_D e^{-(x^2+y^2)}\,dxdy,$ $\qquad D = \{(x,\ y)\,|\,0 \leqq x \leqq 1,\ 0 \leqq y \leqq \sqrt{1-x^2}\,\}$

(5) $\displaystyle\iint_D \log(x^2+y^2+1)\,dxdy,$ $\qquad D = \{(x,\ y)\,|\,x^2+y^2 \leqq 1\}$

(6) $\displaystyle\iint_D \frac{1}{1+x^2+y^2}\,dxdy,$ $\quad D = \{(x,\ y)\,|\,x^2+y^2 \leqq 1\}$

(7) $\displaystyle\iint_D (x+y)\,dxdy,$ $\qquad D = \{(x,\ y)\,|\,x^2-2x+y^2 \leqq 0\}$

126 次の問いに答えよ。

(1) 2重積分 $\displaystyle\iint_D (x-y)\sin(x+y)\,dxdy,$
$D = \{(x,\ y)\,|\,0 \leqq x-y \leqq \pi,\ 0 \leqq x+y \leqq \pi\}$ の値を求めよ。

(2) xy 平面上の楕円 $x^2+xy+y^2 = 6$ の面積を求めよ。

══════════ ◀ 発展問題 ▶ ══════════

例題 1

$\displaystyle\iint_D \frac{1}{2(x+y)^{\frac{3}{2}}}dxdy,\ D=\{(x,\ y)\,|\,0\le x\le 1,\ 0\le y\le 1\}$ の値を求めよ。

考え方 被積分関数 $\dfrac{1}{2(x+y)^{\frac{3}{2}}}$ は D 内の点 $(0,\ 0)$ で定義されないことに注意する。

2章では広義積分を学んだ (p.24)。たとえば $\dfrac{1}{2\sqrt{x}}$ は $x=0$ で定義されないが，定積分 $\displaystyle\int_0^1\frac{1}{2\sqrt{x}}dx$ を次の第2式で定義して積分値を求めた。

$$\int_0^1\frac{1}{2\sqrt{x}}dx=\lim_{\varepsilon\to+0}\int_\varepsilon^1\frac{1}{2\sqrt{x}}dx=\lim_{\varepsilon\to+0}\Big[\sqrt{x}\Big]_\varepsilon^1=\lim_{\varepsilon\to+0}(1-\sqrt{\varepsilon})=1$$

2変数関数の場合も同様に広義積分を定義して積分値を求める場合がある。ここでは $D_\varepsilon=\{(x,\ y)\,|\,\varepsilon\le x\le 1,\ \varepsilon\le y\le 1\}$ $(\varepsilon>0)$ とし次の値を求める。

$$\iint_D\frac{1}{2(x+y)^{\frac{3}{2}}}dxdy=\lim_{\varepsilon\to+0}\iint_{D_\varepsilon}\frac{1}{2(x+y)^{\frac{3}{2}}}dxdy$$

解

$$\iint_D\frac{1}{2(x+y)^{\frac{3}{2}}}dxdy=\lim_{\varepsilon\to+0}\iint_{D_\varepsilon}\frac{1}{2(x+y)^{\frac{3}{2}}}dxdy$$

$$=\lim_{\varepsilon\to+0}\int_\varepsilon^1\int_\varepsilon^1\frac{1}{2(x+y)^{\frac{3}{2}}}dydx=\lim_{\varepsilon\to+0}\int_\varepsilon^1\int_\varepsilon^1\frac{1}{2}(x+y)^{-\frac{3}{2}}dydx$$

$$=\lim_{\varepsilon\to+0}\int_\varepsilon^1\Big[-(x+y)^{-\frac{1}{2}}\Big]_\varepsilon^1dx=\lim_{\varepsilon\to+0}\int_\varepsilon^1\Big[-\frac{1}{\sqrt{x+y}}\Big]_\varepsilon^1dx$$

$$=\lim_{\varepsilon\to+0}\int_\varepsilon^1\Big(\frac{1}{\sqrt{x+\varepsilon}}-\frac{1}{\sqrt{x+1}}\Big)dx=\lim_{\varepsilon\to+0}2\Big[\sqrt{x+\varepsilon}-\sqrt{x+1}\Big]_\varepsilon^1$$

$$=\lim_{\varepsilon\to+0}2\Big(2\sqrt{1+\varepsilon}-\sqrt{2}-\sqrt{2\varepsilon}\Big)=2(2-\sqrt{2})$$

127 $\displaystyle\iint_D\mathrm{Tan}^{-1}\Big(\frac{y}{x}\Big)dxdy,\ D=\{(x,\ y)\,|\,x^2+y^2\le 1,\ x\ge 0,\ y\ge 0\}$ の値を求めよ。

128 $\displaystyle\iint_D\log\sqrt{x^2+y^2}\,dxdy,\ D=\{(x,\ y)\,|\,x^2+y^2\le 1,\ x\ge 0,\ y\ge 0\}$ の値を求めよ。

2 | **重積分の応用**

◆◆◆要点◆◆◆

▶2重積分と体積

閉領域 D で曲面 $z = f(x, y)$ $(\geqq 0)$ と xy 平面との間にできる柱状体の

体積 V は $\quad V = \iint_D f(x, y)\, dxdy$

▶質量・重心・慣性モーメント

閉領域 D に，面密度 $\rho(x, y)$ で質点が分布しているときの

全質量 M は $\quad M = \iint_D \rho(x, y)\, dxdy$

重心 G の座標は

$$\mathrm{G}\left(\frac{1}{M}\iint_D x\rho(x, y)\, dxdy, \ \frac{1}{M}\iint_D y\rho(x, y)\, dxdy \right)$$

x 軸，y 軸それぞれに関する慣性モーメント I_x，I_y は

$$I_x = \iint_D y^2\rho(x, y)\, dxdy, \quad I_y = \iint_D x^2\rho(x, y)\, dxdy$$

A

129 次の不等式で表される図形の体積を求めよ。 (國 p.145 練習 1)

*(1) $\{(x, y, z)\,|\,0 \leqq x \leqq 1,\ 0 \leqq y \leqq 1,\ 0 \leqq z \leqq x+y\}$

 (2) $\{(x, y, z)\,|\,0 \leqq x \leqq 1,\ 0 \leqq y \leqq 1,\ 0 \leqq z \leqq x^2\}$

*(3) $\{(x, y, z)\,|\,0 \leqq x \leqq 1,\ 0 \leqq y \leqq x^2,\ 0 \leqq z \leqq x+y\}$

130 次のいくつかの曲面・平面で囲まれる部分の立体の体積を求めよ。

(國 p.146 練習 2-4)

*(1) $z = x^2 + y^2,\ z = 1$

 (2) $z = x^2 + y^2,\ z = 2x$

*(3) $x^2 + y^2 + z^2 = 2^2,\ x^2 + y^2 = 1$（ただし $x^2 + y^2 \leqq 1$ とする）

131 $\displaystyle\int_0^{+\infty} e^{-x^2}dx = \frac{\sqrt{\pi}}{2}$ を利用して，次の積分の値を求めよ。 (國 p.148 練習 5)

*(1) $\displaystyle\int_0^{+\infty}\!\!\int_0^{+\infty} e^{-(x^2+y^2)}\, dxdy$

 (2) $\displaystyle\int_{-\infty}^{+\infty}\!\!\int_{-\infty}^{+\infty} (x^2 + y^2)\, e^{-(x^2+y^2)}\, dxdy$

132 次の問いに答えよ。 (教 p.150 練習 6, p.151 練習 7)

(1) 三角形の薄い平板 $D = \{(x,\ y)\,|\,0 \leq x \leq 1,\ x \leq y \leq 1\}$ の面密度が $\rho(x,\ y) = x + y$ であるとき，この平板の重心の座標を求めよ。

(2) 長方形の薄い平板 $D = \{(x,\ y)\,|-a \leq x \leq a,\ 0 \leq y \leq 1\}$ $(a > 0)$ の面密度が $\rho(x,\ y) = \rho$ （一定）であるとき，この平板の y 軸に関する慣性モーメントを求めよ。

◆◆◆◆◆◆◆◆◆◆◆◆◆◆◆◆◆◆◆◆ B ◆◆◆◆◆◆◆◆◆◆◆◆◆◆◆◆◆◆◆◆

例題 2 半径 a の半球 $z = \sqrt{a^2 - x^2 - y^2}$ の表面積（曲面積）を求めよ。

考え方 xy 平面の閉領域 D 上で，関数 $z = f(x,\ y)$ で表される曲面の曲面積 S は

$$S = \iint_D \sqrt{(z_x)^2 + (z_y)^2 + 1}\ dxdy$$

で与えられることが知られている。この公式から，求める半球の曲面積 S は

$$(z_x)^2 + (z_y)^2 + 1$$
$$= \left(\frac{-2x}{2\sqrt{a^2-x^2-y^2}}\right)^2 + \left(\frac{-2y}{2\sqrt{a^2-x^2-y^2}}\right)^2 + 1 = \frac{a^2}{a^2-x^2-y^2}$$

であるから

$$S = \iint_D \frac{a}{\sqrt{a^2-x^2-y^2}}\ dxdy, \qquad D = \{(x,\ y)\,|\,x^2+y^2 \leq a^2\}$$

となる。D の形から極座標に変換してこの重積分の値を求める。

解
$$S = \iint_D \frac{a}{\sqrt{a^2-x^2-y^2}}\ dxdy = \int_0^a \int_0^{2\pi} \frac{a}{\sqrt{a^2-r^2}} r\,d\theta dr$$
$$= \int_0^a \frac{ar}{\sqrt{a^2-r^2}}\left[\theta\right]_0^{2\pi} dr = 2\pi a \int_0^a \left(-\frac{1}{2}\right)\cdot\frac{-2r}{\sqrt{a^2-r^2}}\ dr$$
$$= -\pi a \int_0^a (a^2-r^2)^{-\frac{1}{2}}\cdot(a^2-r^2)'\ dr = -\pi a\left[2(a^2-r^2)^{\frac{1}{2}}\right]_0^a$$
$$= 2\pi a^2$$

133 次の曲面の曲面積を求めよ。

(1) $x^2 + y^2 + z^2 = a^2$, $z \geq b$ $(0 < b < a)$ の部分。

(2) $z = \mathrm{Tan}^{-1}\left(\dfrac{y}{x}\right)$ の $x > 0$, $y \geq 0$, $x^2 + y^2 \leq 1$ の部分。

4 章 の問題

1 次の 2 重積分の値を求めよ。

(1) $\displaystyle\int_0^1\int_0^2 xy^2\,dxdy$

(2) $\displaystyle\int_1^2\int_0^2 (2x+y)\,dydx$

2 次の各閉領域 D における関数 $f(x,\,y)$ の 2 重積分を累次積分の形で表せ。

(1) $D = \{(x,\,y)\,|\,0 \leq y \leq x+1,\ 0 \leq y \leq -x+1\}$

(2) $D = \{(x,\,y)\,|\,x+y \geq 1,\ x \leq 1,\ y \leq 1\}$

(3) $D = \{(x,\,y)\,|\,x \geq 0,\ y \geq 0,\ 2x+y \leq 2\}$

3 次の 2 重積分の値を求めよ。

(1) $\displaystyle\iint_D xy^2\,dxdy,\qquad D = \{(x,\,y)\,|\,1 \leq x \leq 2,\ 0 \leq y \leq 2\}$

(2) $\displaystyle\iint_D (x+y)\,dxdy,\ \ D = \{(x,\,y)\,|\,1 \leq x \leq 3,\ 2 \leq y \leq 4\}$

4 次の累次積分について積分順序を交換した式を示せ。

(1) $\displaystyle\int_1^2\int_3^{2x+1} f(x,\,y)\,dydx$

(2) $\displaystyle\int_0^1\int_y^{\sqrt{y}} f(x,\,y)\,dxdy$

(3) $\displaystyle\int_0^{\sqrt2}\int_{y^2}^2 f(x,\,y)\,dxdy$

5 次の各閉領域 D における関数 $f(x,\,y)$ の 2 重積分を極座標に変換した式を求めよ。ただし $a > 0$ は定数とする。

(1) $\displaystyle\iint_D \sqrt{x^2+y^2}\,dxdy,\ \ D = \{(x,\,y)\,|\,0 \leq x^2+y^2 \leq 4,\ 0 \leq y\}$

(2) $\displaystyle\iint_D y\,dxdy,\qquad\qquad D = \{(x,\,y)\,|\,x^2+y^2 \leq a^2,\ x \geq 0,\ y \geq 0\}$

6 次の 2 重積分を求めよ。

(1) $\displaystyle\iint_D (1+x+y)\,dxdy,$ $D = \{(x,\ y)\,|\,x \geqq 0,\ y \geqq 0,\ x+y \leqq 1\}$

(2) $\displaystyle\iint_D \frac{1}{\sqrt{1+x}}\,dxdy,$ $D = \{(x,\ y)\,|\,0 \leqq x \leqq 1,\ x^2 \leqq y \leqq x\}$

(3) $\displaystyle\iint_D x^2 y\,dxdy,$ $D = \{(x,\ y)\,|\,x \geqq 0,\ y \geqq 0,\ 0 \leqq x \leqq y \leqq 1\}$

(4) $\displaystyle\iint_D e^{-(x^2+y^2)}\,dxdy,$ $D = \{(x,\ y)\,|\,x^2+y^2 \leqq 1\}$

(5) $\displaystyle\iint_D \frac{1}{\sqrt{1-x^2-y^2}}\,dxdy,$ $D = \{(x,\ y)\,|\,x^2+y^2 \leqq 1\}$

(6) $\displaystyle\iint_D \{(x-y)^2 + (x+2y)^2\}\,dxdy,$

$\qquad\qquad\qquad D = \{(x,\ y)\,|\ |x-y| \leqq 2,\ |x+2y| \leqq 1\}$

(7) $\displaystyle\iint_D (x+y)\,e^{x-y}\,dxdy,$ $D = \{(x,\ y)\,|\,0 \leqq x+y \leqq 1,\ 0 \leqq x-y \leqq 1\}$

(8) $\displaystyle\iint_D (x^2+y^2)\,dxdy,$ $D = \left\{(x,\ y)\,\middle|\,\dfrac{x^2}{a^2}+\dfrac{y^2}{b^2} \leqq 1\right\}\ (a>0,\ b>0)$

(9) $\displaystyle\iint_D \frac{x+y}{x^2+y^2}\,dxdy,$ $D = \{(x,\ y)\,|\,0 \leqq x \leqq 1,\ 0 \leqq y \leqq x\}$

(10) $\displaystyle\iint_D \frac{1}{(x^2+y^2)^2}\,dxdy,$ $D = \{(x,\ y)\,|\,x^2+y^2 \geqq 1\}$

7 回転楕円体 $\dfrac{x^2}{a^2}+\dfrac{y^2}{a^2}+z^2 \leqq 1\ (0<a \leqq 1)$ の平面 $z=-a$ から下の体積と，それを最大にする a を求めよ。

1 微分方程式と解

◆◆◆要点◆◆◆

▶微分方程式

微分方程式：独立変数とその関数および導関数を含む方程式

階数：微分方程式に含まれる導関数の最高次数

▶微分方程式の解

解：微分方程式を満たす関数

解曲線：微分方程式の解が表す曲線

一般解：微分方程式の階数と同じ個数の任意定数を含む解

特殊解：一般解の任意定数に特別な値を与えて得られる解

特異解：一般解の任意定数にどんな値を与えても得られない解

▶初期値問題と境界値問題

初期条件を満たす解を求める問題を初期値問題，境界条件を満たす解を求める問題を境界値問題という。

2階微分方程式の代表的な条件の形は

初期条件「$x = x_0$ のとき $y = y_0$, $y' = y_1$」

境界条件「$x = x_0$ のとき $y = y_0$, $x = x_1$ のとき $y = y_1$」

█ A █

134 次の各問題に対応する微分方程式を作れ。ただし，比例定数は $k > 0$ とせよ。　　　　　　　　　　　　　　　　　　　　(國 p.156 練習 1)

  *(1) 時刻 t におけるあるバクテリアの数を $x(t)$ とする。このバクテリアのある培養期中の繁殖速度は統計時点のバクテリア数に比例する。

  (2) 時刻 t における人口 $P(t)$ の増加率は飽和人口 a とその時点の人口の差に比例する。

*135 曲線 $y = f(x)$ 上の任意の点を $P(x, y)$ とする。このとき次の条件を満たす微分方程式を作れ。　　　　　　　　　　　　　　　(國 p.157 練習 2)

  (1) 点 P における接線の傾きが点 P における x 座標の 2 倍に等しい。

  (2) 点 P における法線がつねに定点 (a, b) を通る。

*136 微分方程式 $y = xy' - \log y'$ について，次のことを示せ。（國 p.159 練習3）

(1) $y = Cx - \log C$（C は任意定数）は一般解である。

(2) $y = \log x + 1$ は特異解である。

*137 微分方程式 $x^2 y'' - 3xy' + 3y = 0$ について，次の問いに答えよ。

（國 p.161 練習5, p.163 練習6）

(1) 関数 $y = Cx^3 + Dx$（C, D は任意定数）は一般解であることを示せ。

(2) 初期条件「$x = 1$ のとき $y = 0$, $y' = 2$」を満たす特殊解を求めよ。

(3) 境界条件「$x = 1$ のとき $y = 1$, $x = 2$ のとき $y = 1$」を満たす特殊解を求めよ。

◆◇◆◇◆◇◆◇◆◇◆◇◆◇◆◇◆◇◆◇◆◇◆◇ **B** ◆◇◆◇◆◇◆◇◆◇◆◇◆◇◆◇◆◇◆◇◆◇◆◇◆◇

例題 1 曲線 $y = \dfrac{C}{x}$（$C \neq 0$）を解にもつ微分方程式を作れ。

考え方 y' を求めて定数 C を消去する。

解 $y' = -\dfrac{C}{x^2}$ より $C = -x^2 y'$　与式に代入して $y = \dfrac{-x^2 y'}{x}$

したがって $xy' + y = 0$

138 次の曲線を解にもつ微分方程式を作れ。ただし，C, D は 0 でない定数とする。

(1) $y = Cx$ 　　　　　　　(2) $y = Ce^x + x$

(3) $y = C\sin x + D\cos x$ 　　(4) $y = Cx + \dfrac{D}{x}$

139 $y = e^{ax}(A\cos bx + B\sin bx)$ はある 2 階微分方程式の一般解である。次の問いに答えよ。ただし，a, b, A, B は定数である。

(1) この解が満たす微分方程式を求めよ。

(2) $x = 0$ に関する初期条件を求めよ。

140 重力 g のもとで質量 m の物体を真上に投げるとき，次の場合に時刻 t における高さ $x(t)$ についての運動方程式を求めよ。

(1) 空気抵抗を考えない場合

(2) 空気抵抗が速度の 2 乗に比例する場合（比例定数を $k > 0$ とせよ。）

2 | 1階微分方程式

◆◆◆要点◆◆◆

▶**変数分離形** $\dfrac{dy}{dx} = f(x)g(y)$

一般解は次の式から求められる。

$$\int \frac{1}{g(y)}\,dy = \int f(x)\,dx + C \quad (C \text{ は任意定数})$$

▶**同次形** $\dfrac{dy}{dx} = f\left(\dfrac{y}{x}\right)$

$\dfrac{y}{x} = u$ すなわち $y = ux$ とおくと，$y' = u'x + ux'$ となり

$u'x + u = f(u)$，つまり次の x と u の変数分離形を得る。

$$x\frac{du}{dx} = f(u) - u$$

よって次の式が成り立つ。

$$\int \frac{1}{f(u) - u}\,du = \log|x| + C \quad (C \text{ は任意定数})$$

左辺を積分したのち，$u = \dfrac{y}{x}$ を代入すると一般解を得る。

▶**線形微分方程式** $\dfrac{dy}{dx} + P(x)y = Q(x)$

[1] $\dfrac{dy}{dx} + P(x)y = 0$ の一般解

$$y = By_1(x) \quad (B \text{ は任意定数})$$

を求める。

[2] B を x の関数 $u(x)$ として

$$y = u(x)y_1(x) \quad \cdots\cdots ①$$

を $\dfrac{dy}{dx} + P(x)y = Q(x)$ に代入して $u(x)$ を求める（定数変化法）。

求まった $u(x)$ を①に代入すると一般解が得られる。

・一般解は次の形で得られる。

$$y = e^{-\int P(x)\,dx}\left(\int Q(x)\,e^{\int P(x)\,dx}\,dx + C\right) \qquad (C \text{ は任意定数})$$

A

141 次の微分方程式の一般解を求めよ。 （國 p.165 練習 1）

(1) $y' - \sqrt{y} = 0$ *(2) $xy' - y = 0$

*(3) $yy' = \sqrt{1-y^2}$ (4) $xy' + y = 0$

142 次の微分方程式の（ ）内の初期条件を満たす解を求めよ。（國 p.165 練習2）

*(1) $yy' + x = 0$　　　　　　　　（$x = 1$ のとき $y = 1$）

(2) $y' = e^{2x+y}$　　　　　　　　（$x = 0$ のとき $y = 0$）

*(3) $\cos x \cos y \dfrac{dy}{dx} = \sin x \sin y$　$\left(x = 0 \text{ のとき } y = \dfrac{\pi}{2} \right)$

143 次の微分方程式の一般解を求めよ。　　　　　　　（國 p.167 練習3）

*(1) $(x - y)y' = 2y$　　　　　(2) $xy^2 y' = x^3 + y^3$

*(3) $(xy' - y)e^{\frac{y}{x}} = x$　　　　(4) $y' = \dfrac{y}{x} + \tan\dfrac{y}{x}$

144 次の微分方程式の（ ）内の初期条件を満たす解を求めよ。（國 p.167 練習4）

*(1) $2xyy' = y^2 - x^2$　　　　　（$x = 1$ のとき $y = -1$）

(2) $(x + y) + (x - y)y' = 0$　　（$x = 0$ のとき $y = 0$）

*(3) $y' = \dfrac{y}{x}\left(1 + \log\dfrac{y}{x}\right)$　　　（$x = 1$ のとき $y = 1$）

145 次の微分方程式の一般解を求めよ。　　　　　　　（國 p.171 練習5）

(1) $xy' + y = x^3$　　　　　(2) $x^2 y' + 2xy = 1$

(3) $xy' \log x + y = \log x$　　(4) $y' - 3y = \sin x$

146 次の微分方程式の（ ）内の初期条件を満たす解を求めよ。（國 p.171 練習5）

*(1) $xy' + 3y + x = 0$　　　　　（$x = 1$ のとき $y = 1$）

(2) $y' + y = e^x$　　　　　　　（$x = 0$ のとき $y = 0$）

(3) $y' \cos x + y \sin x = 1$　　（$x = 0$ のとき $y = 1$）

147 曲線 $y = f(x)$ 上の任意の点 P(x, y) から x 軸に引いた垂線と x 軸との交点を Q とし，P における接線と x 軸との交点を R とするとき，線分 QR の長さはつねに 2 になる。このような曲線のうち点 $(0, 2)$ を通る曲線を求めよ。　　　　　　　　　　　　　　　　　（國 p.171 練習6, 7）

148 微分方程式 $\dfrac{dy}{dx} = y^2\left(xy - \dfrac{1}{xy}\right)$ について次の問いに答えよ。

（國 p.172 節末5）

(1) $u = xy$ とおくとき，関数 u についての微分方程式を求めよ。

(2) 一般解を求めよ。

◇■◇■◇■◇■◇■◇■◇■◇■◇■◇■◇■◇■◇■◇ **B** ◇■◇■◇■◇■◇■◇■◇■◇■◇■◇■◇■◇■◇■◇

149 次の微分方程式の一般解を求めよ。

(1) $y' = xe^{x+y}$　　(2) $x^2 y' = y^2 - xy$　　(3) $(1+x^2)\dfrac{dy}{dx} = xy + 1$

150 次の微分方程式の（　）内の初期条件を満たす解を求めよ。

(1) $x(y^2 - 1) + y(x^2 - 1)\dfrac{dy}{dx} = 0$　($x = 2$ のとき $y = 2$)

(2) $xy' \cos\dfrac{y}{x} = y\cos\dfrac{y}{x} + x$　　$\left(x = 1 \text{ のとき } y = \dfrac{\pi}{2} \right)$

(3) $y' + \dfrac{\cos x}{\sin x}y = \dfrac{1}{\cos^2 x}$　　$\left(x = \dfrac{\pi}{4} \text{ のとき } y = 2 \right)$

151 微分方程式 $y' = ay - 4x$ について，次の問いに答えよ。

(1) 一般解を求めよ。

(2) 初期条件「$x = 0$ のとき $y = 2$, $y' = 1$」を満たす解が存在するように定数 a の値を定めよ。また，そのときの解を求めよ。

例題 2 次の形の微分方程式を**ベルヌーイの微分方程式**という。
$$y' + p(x)y = q(x)y^n \quad (n \neq 0,\ 1)$$

(1) この方程式は変数変換 $z = y^{1-n}$ によって線形微分方程式に帰着される。このことを示せ。

(2) 微分方程式 $y' + y = xy^2$ の一般解を求めよ。

考え方 z に関する微分方程式に書き直す。

解 (1) $z' = (1-n)y^{-n}y'$

$y' + p(x)y = q(x)y^n$ の両辺に $(1-n)y^{-n}$ をかけると

　　$z' + (1-n)p(x)z = (1-n)q(x)$ と線形方程式となる。

(2) $z = y^{-1}$ とおけば，(1)より $z' - z = -x$ を解けばよい。

$z' - z = 0$ の一般解は　$z = ce^x$

定数変化法により $z = ue^x$ を $z' - z = -x$ に代入すると

　　$u' = -xe^{-x}$ すなわち $u = xe^{-x} + e^{-x} + C$　　したがって，

　　$z = x + 1 + Ce^x$ ゆえに $y = \dfrac{1}{x + 1 + Ce^x}$　（C は任意定数）

152 次の微分方程式の一般解を求めよ。

(1) $2xyy' - y^2 + x = 0$　　　　(2) $y' + y = y^2(\cos x + \sin x)$

153 微分方程式 $x^2y' + 2xy = 1\ (x > 0)$ について次の問いに答えよ。

(1) すべての解について $\displaystyle\lim_{x \to \infty} y(x)$ を求めよ。

(2) $y(1) = y(2)$ となる解 $y(x)$ を求めよ。

(注意) $y(0) = 1$ などの式は初期条件であり，「$x = 0$ のとき $y = 1$」という意味である。

══════════◆ 発展問題 ◆══════════

154 微分方程式 $y' = \dfrac{Ax + By + C}{ax + by + c}$ $(A,\ B,\ C,\ a,\ b,\ c$ は定数) について，次の問いに答えよ。

(1) $\dfrac{A}{a} \neq \dfrac{B}{b}$ のとき，変数変換 $x = X + x_0,\ y = Y + y_0$ によって同次形に帰着されることを示せ。

(2) $\dfrac{A}{a} = \dfrac{B}{b} \neq \dfrac{C}{c}$ のとき，変数変換 $u = ax + by$ によって変数分離形に帰着されることを示せ。

(3) 微分方程式 $y' = \dfrac{2x + y - 3}{x + 2y - 5}$ の一般解を求めよ。

> **例題 3**　次の形の微分方程式を**リッカチの微分方程式**という。
> $$y' = p(x)y^2 + q(x)y + r(x)$$
> この方程式は 1 つの特殊解 $y_1(x)$ がわかると変数変換 $y = u + y_1$ によってベルヌーイの微分方程式 $(n = 2)$ に帰着される。このことを示せ。

考え方　u に関する微分方程式に書き直す。

解　$y = u + y_1$ を代入すると

$$u' + y_1' = p(x)(u + y_1)^2 + q(x)(u + y_1) + r(x)$$
$$= p(x)u^2 + (2p(x)y_1 + q(x))u + p(x)y_1^2 + q(x)y_1 + r(x)$$

y_1 は 1 つの解であるので $y_1' = p(x)y_1^2 + q(x)y_1 + r(x)$

よって，$u' - (2p(x)y_1 + q(x))u = p(x)u^2$ とベルヌーイの微分方程式 $(n = 2)$ の形になる。

155 $y = 1$ が 1 つの特殊解であることを用いて，リッカチの微分方程式
$$y' = (2x - 1)y^2 - (4x - 1)y + 2x$$
の一般解を求めよ。

3 │ 2階微分方程式

◆◆◆要点◆◆◆

▶**階数降下法**

　　　・$y'' = f(x)$ の場合：2回積分する。

　　　・$y'' = f(x, y')$ の場合：$y' = p$, $y'' = p'$ を代入する。

　　　・$y'' = f(y, y')$ の場合：$y' = p$, $y'' = \dfrac{dp}{dy} p$ を代入する。

▶**1次独立** ── ロンスキアン $W(y_1, y_2) = \begin{vmatrix} y_1 & y_2 \\ y_1' & y_2' \end{vmatrix} = y_1 y_2' - y_2 y_1'$

　　　（2つの関数 $y = y_1(x)$, $y = y_2(x)$ についての行列式）

　　　・$W(y_1, y_2) \neq 0 \implies y_1$, y_2 が1次独立

▶**2階同次線形微分方程式** ── $L(y) = y'' + P(x)y' + Q(x)y = 0$

　　$y = y_1(x)$, $y = y_2(x)$ が1次独立な解とすると，一般解は

　　　　　$y = Cy_1 + Dy_2$ （C, D は任意定数）

▶**2階非同次線形微分方程式** ── $L(y) = y'' + P(x)y' + Q(x)y = R(x)$

　　1つの解を $y = u(x)$, $L(y) = 0$ の一般解を $y = Cy_1 + Dy_2$ とすると，

　　一般解は　$y = u + Cy_1 + Dy_2$ （C, D は任意定数）

▶**定数係数2階同次線形微分方程式** ── $y''(x) + ay'(x) + by = 0$

　　（a, b は定数）の一般解は，特性方程式 $\lambda^2 + a\lambda + b = 0$ の解に対応して，

　　次の式で与えられる。ただし，C, D は任意定数とする。

　　（ i ）異なる2つの実数解 α, β ➡　$y = Ce^{\alpha x} + De^{\beta x}$

　　（ ii ）2重解 α ➡　$y = (C + Dx)e^{\alpha x}$

　　（iii）異なる2つの虚数解 $p \pm qi$ ➡ $y = e^{px}(C\cos qx + D\sin qx)$

▶**定数係数2階非同次線形微分方程式** ── $y''(x) + ay'(x) + by = R(x)$

　　（a, b は定数）の一般解は，その1つの解 $y = u(x)$ と，

　　$y''(x) + ay'(x) + by = 0$ の一般解 $y = Cy_1 + Dy_2$ の和で求められる。

　　　　　$y = u + Cy_1 + Dy_2$ （C, D は任意定数）

　　1つの解 $y = u(x)$ は次の2通りの方法で求めることができる。

　　I．未定係数法　$R(x)$ の形から解の形を予想する。

　　II．定数変化法　同次方程式の一般解 $y = Cy_1 + Dy_2$ において定数変化

　　法を用いて得られる次の公式で求める。

$$u = -y_1 \int \dfrac{y_2 R(x)}{W(y_1, y_2)} dx + y_2 \int \dfrac{y_1 R(x)}{W(y_1, y_2)} dx$$

▶**連立微分方程式** —— $\dfrac{dx}{dt} = f(x,\ y,\ t),\ \dfrac{dy}{dt} = g(x,\ y,\ t)$

x または y を消去して，x または y の2階微分方程式を導いて解く。

▶**非定数係数同次線形微分方程式** —— $L(y) = y'' + P(x)y' + Q(x)y = 0$

$L(y) = 0$ の1つの解を $y = y_1(x)$ とすると，一般解は

$$y = Cy_1 \int \frac{1}{y_1^2} e^{-\int P(x)dx} dx + Dy_1 \quad (C,\ D \text{ は任意定数})$$

A

156 次の微分方程式の一般解を求めよ。 (敎 p.178 練習1)

*(1) $y'' = 2x$ (2) $y'' = \dfrac{1}{x}$ *(3) $y'' = x\sin x$

157 次の微分方程式の一般解を求めよ。 (敎 p.179 練習2)

(1) $y'y'' - 1 = 0$ *(2) $y'' - (y')^2 = 1$

158 次の微分方程式の一般解を求めよ。 (敎 p.179 練習3)

(1) $(1-y)y'' + (y')^2 = 0$ *(2) $yy'' + (y')^2 = 1$

159 次の各組の関数は1次独立であるか。 (敎 p.181 練習4)

*(1) $x,\ x^3$ (2) $e^x,\ 2e^x$ *(3) $e^x\cos x,\ e^x\cos 2x$

*160 微分方程式 $y'' - y = 1$ について，次の問いに答えよ。 (敎 p.182 練習5-6)

(1) $y = e^x$ と $y = e^{-x}$ は同次方程式 $y'' - y = 0$ の1次独立な解であることを示せ。

(2) $y = -1$ は1つの解であることを示せ。

(3) 一般解を求めよ。

161 次の微分方程式の一般解を求めよ。 (敎 p.185 練習7)

(1) $y'' + 3y' + 2y = 0$ *(2) $y'' + 4y' + 4y = 0$

*(3) $y'' + 9y = 0$ (4) $y'' + y' + 2y = 0$

162 次の微分方程式の解で（ ）内の初期条件を満たすものを求めよ。

(敎 p.186 練習8)

*(1) $y'' - y' - 6y = 0$ ($x = 0$ のとき $y = 2,\ y' = 1$)

(2) $y'' - 2y' + y = 0$ ($x = 0$ のとき $y = 1,\ y' = 2$)

*(3) $2y'' + y' + 3y = 0$ ($x = 0$ のとき $y = 0,\ y' = -2$)

163 次の微分方程式の一般解を求めよ。 (國 p.187-191 練習 9-14)

(1) $y'' - 7y' + 12y = 2x$ *(2) $y'' - 6y' + 10y = x^2 + 1$

(3) $y'' + 2y' - 8y = e^x$ (4) $y'' - 3y' - 4y = 2\cos x$

*(5) $y'' + 4y = \sin 2x$ *(6) $y'' + 2y' + y = e^{-x}$

164 次の微分方程式の一般解を求めよ。 (國 p.194 練習 15-16)

(1) $y'' + y = \dfrac{1}{\cos^2 x}$ *(2) $y'' - 4y' + 4y = e^{2x}\log x$

165 次の連立微分方程式の一般解を求めよ。 (國 p.195 練習 17)

*(1) $\begin{cases} \dfrac{dx}{dt} = y + t \\ \dfrac{dy}{dt} = x + t \end{cases}$ (2) $\begin{cases} \dfrac{dx}{dt} = 3x + y + e^t \\ \dfrac{dy}{dt} = -x + y - e^t \end{cases}$

166 次の微分方程式の一般解を求めよ。 (國 p.197 練習 18)

(1) $x^2 y'' + xy' - y = 0$ *(2) $x^2 y'' + 3xy' + y = 0$

*167 微分方程式 $xy'' - y' + (1-x)y = 0$ について，次の問いに答えよ。

(1) $y = e^x$ は1つの解であることを示せ。 (國 p.199 練習 19)

(2) 一般解を求めよ。

◆◇◆◇◆◇◆◇◆◇◆◇◆◇◆◇◆◇◆◇◆◇◆◇◆◇ **B** ◇◆◇◆◇◆◇◆◇◆◇◆◇◆◇◆◇◆◇◆◇◆◇◆◇◆

168 次の微分方程式の一般解を求めよ。

(1) $y'' - 2y' - 3y = e^x \cos x$

(2) $y'' - 2y' + y = x \sin x$

(3) $y'' - 3y' + 2y = x + e^{2x}\cos x$

169 次の微分方程式の解で（ ）内の初期条件を満たすものを求めよ。

(1) $\dfrac{d^2 y}{dx^2} - 2\dfrac{dy}{dx} + 2y = x^2$ $\left(y(0) = \dfrac{1}{2}, \ \dfrac{dy}{dx}(0) = \dfrac{1}{2} \right)$

(2) $y'' - 5y' + 6y = e^x + e^{2x}$ ($x = 0$ のとき $y = -1, \ y' = 1$)

(3) $y'' + y' - 6y = x + \sin x$ ($x = 0$ のとき $y = 0, \ y' = 1$)

170 微分方程式 $y'' + 2y' + ay = 0$（a は $a > 1$ である定数）について，次の問いに答えよ。

(1) 一般解を求めよ。

(2) 初期条件 $y(0) = 1$, $y'(0) = -1$ を満たす解を求めよ。

(3) 前問で求めた解が $y(\pi) = 0$ を満たすような定数 a の値を求めよ。

171 t を実数とし，2つの関数 $x = x(t)$, $y = y(t)$ により与えられる xy 平面上の点 $P(x(t), y(t))$ を考える。$x(t)$ および $y(t)$ が次の連立微分方程式

$$\begin{cases} \dfrac{dx}{dt} = \alpha x - y \\ \dfrac{dy}{dt} = x + \alpha y \end{cases}$$

および，初期条件

$$(x(0), y(0)) = (1, 1)$$

を満足するとする。ただし，α は実数の定数である。次の問いに答えよ。

(1) $\alpha = 0$ のとき，与えられた連立微分方程式の解 $x = x(t)$ および $y = y(t)$ を求めよ。

(2) $\alpha \neq 0$ のとき，与えられた連立微分方程式の解 $x = x(t)$ および $y = y(t)$ を求めよ。

(3) t $(t \geqq 0)$ が変化するとき点 P がえがく曲線の概形を $\alpha > 0$, $\alpha = 0$, $\alpha < 0$ の場合についてかけ。

172 a, b が定数のとき

$$x^2 y'' + axy' + by = R(x)$$

の形の微分方程式をオイラーの微分方程式という。この方程式は変数変換 $x = e^t$ によって定数係数線形微分方程式

$$\frac{d^2 y}{dt^2} + (a-1)\frac{dy}{dt} + by = R(e^t)$$

に書き直すことができる (参照：國 p.201 研究)。このことを用いて，次の微分方程式の一般解を求めよ。

(1) $x^2 y'' + 2xy' + 5y = 0$　　　　(2) $x^2 y'' - 4xy' + 4y = \log x$

例題 4

微分方程式 $x^2y'' - xy' + y = x^2$ について次の問いに答えよ。

(1) $y = x$ は同次方程式 $x^2y'' - xy' + y = 0$ の1つの解であることを示せ。

(2) 一般解を求めよ。

考え方 (2) (1)の解 $y = Bx$ (B は任意定数) の B を $u(x)$ にする定数変化法を用いる。

解 (1) $y' = 1$, $y'' = 0$ より $x^2y'' - xy' + y = 0 - x + x = 0$ より
$y = x$ は同次方程式の解である。

(2) (1)より $y = Bx$ (B は任意定数) も解である。ここで, B を x の関数 $u(x)$ として, $y = ux$ とおくと, 与えられた方程式は $xu'' + u' = 1$ になる。さらに $v = u'$ とおけば $v' + \dfrac{1}{x}v = \dfrac{1}{x}$ となり $v' + \dfrac{1}{x}v = 0$ の一般解は $v = \dfrac{C_1}{x}$ で, $v = \dfrac{w(x)}{x}$ とおく定数変化法を用いると
$$w'(x) = 1 \quad \text{すなわち} \quad w(x) = x + C$$
したがって $v = u' = 1 + \dfrac{C}{x}$ ゆえに $u = x + C\log|x| + D$
以上より $y = ux = x^2 + Cx\log|x| + Dx$ (C, D は任意定数)

173 微分方程式 $y'' - \dfrac{x}{x-1}y' + \dfrac{1}{x-1}y = x - 1$ について次の問いに答えよ。

(1) $y = e^x$ は同次方程式 $y'' - \dfrac{x}{x-1}y' + \dfrac{1}{x-1}y = 0$ の1つの解であることを示せ。

(2) 一般解を求めよ。

174 微分方程式 $\dfrac{d^2y}{dx^2} + P(x)\dfrac{dy}{dx} + Q(x)y = R(x)$ は, 独立変数の変数変換
$$t = \int e^{-\int P(x)dx} dx$$
によって定数係数の微分方程式に書き直せる場合がある。このことを用いて, 次の微分方程式の一般解を求めよ。

(1) $\dfrac{d^2y}{dx^2} + \dfrac{dy}{dx} + e^{-2x}y = 0$

(2) $\dfrac{d^2y}{dx^2} - \dfrac{1}{\tan x}\dfrac{dy}{dx} + (\sin x)^2 y = \cos x \cdot \sin^2 x$

〈発展〉 演算子法

　非同次方程式の１つの解を求めるための比較的便利な方法として**微分演算子法**がある。

　ここでは，微分するという演算子を D で表し，**微分演算子**という。

　y を１回微分する，２回微分する，……，n 回微分するということを

$$\frac{dy}{dx} = Dy, \quad \frac{d^2y}{dx^2} = D^2y, \quad \cdots, \quad \frac{d^ny}{dx^n} = D^ny$$

と書く。また，積分するという演算子を $\frac{1}{D}$ で表し**逆演算子**という。$f(x)$ を１回積分する，２回積分する，……，n 回積分するということを

$$\frac{1}{D}f(x) = \int f(x)\,dx,$$

$$\frac{1}{D^2}f(x) = \iint f(x)\,dxdx,$$

$$\cdots\cdots\cdots$$

$$\frac{1}{D^n}f(x) = \iint\cdots\int f(x)\,dxdx\cdots dx$$

と書く。

　この記法を用いると定数係数２階線形微分方程式

$$y'' + ay' + by = R(x) \quad \cdots\cdots(*)$$

は，次のように書き直すことができる。

$$(D^2 + aD + b)y = R(x)$$

以下，表記法を簡単にするために，演算子

$$L(D) = D^2 + aD + b$$

を用いて，（＊）の形の微分方程式を次の式で表す。

$$L(D)y = R(x)$$

この微分方程式の１つの解 $y = u(x)$ を求めるには次の計算をする。

$$y = \frac{1}{L(D)}R(x) = u(x)$$

　この計算には，$R(x)$ の形に応じて，p. 62，63 で述べる公式①〜④を用いる。

微分演算子について，いくつかの重要な性質を述べよう。

一般に $L(D)$ は線形性をもつ。すなわち次の式が成り立つ。

$$L(D)(c_1 y_1 + c_2 y_2) = c_1 L(D) y_1 + c_2 L(D) y_2$$

また，次の式の成り立つことは簡単な計算によりわかる。

$$D^n e^{\alpha x} = \alpha^n e^{\alpha x}$$
$$D^n (e^{\alpha x} R(x)) = e^{\alpha x} (D + \alpha)^n R(x)$$

よって，$L(D)$ の線形性から次の式を得る。

$$L(D) e^{\alpha x} = L(\alpha) e^{\alpha x}$$
$$L(D)(e^{\alpha x} R(x)) = e^{\alpha x} L(D + \alpha) R(x)$$

さらに，第2式より次の式が成り立つ。

$$L(D)\left\{ e^{\alpha x} \frac{1}{L(D+\alpha)} (e^{-\alpha x} R(x)) \right\}$$
$$= e^{\alpha x} L(D+\alpha) \frac{1}{L(D+\alpha)} (e^{-\alpha x} R(x))$$
$$= e^{\alpha x} e^{-\alpha x} R(x)$$
$$= R(x)$$

以上より，次の公式が成り立つ。

公式

① $\dfrac{1}{L(D)} e^{\alpha x} = \dfrac{1}{L(\alpha)} e^{\alpha x} \quad (L(\alpha) \neq 0)$

② $\dfrac{1}{L(D)} (R(x)) = e^{\alpha x} \dfrac{1}{L(D+\alpha)} (e^{-\alpha x} R(x))$

例題 5 微分演算子を用いて，次の微分方程式の1つの解を求めよ。

(1) $y'' + y' + y = e^{2x}$ 　　　(2) $y' - 3y = xe^{3x}$

考え方 微分演算子についての公式①，②を用いる。

解 (1) $L(D)y = (D^2 + D + 1)y = e^{2x}$ より1つの解は，

$$y = \frac{1}{D^2 + D + 1} e^{2x}$$ である。公式①を用いて

$$\frac{1}{D^2 + D + 1} e^{2x} = \frac{1}{4 + 2 + 1} e^{2x} = \frac{1}{7} e^{2x}$$

(2) $L(D)y = (D-3)y = xe^{3x}$ より，公式②を用いて

$$\frac{1}{D-3}(xe^{3x}) = e^{3x} \frac{1}{(D+3)-3}(e^{-3x} xe^{3x})$$
$$= e^{3x} \frac{1}{D} x = e^{3x}\left(\frac{1}{2}x^2\right) = \frac{1}{2}x^2 e^{3x}$$

証明は省略するが，次の公式も成り立つ。

> **公式**
>
> ③　$\dfrac{1}{L(D)}(ke^{i\alpha x}) = \eta(x) + i\xi(x)$ のとき
>
> $\dfrac{1}{L(D)}(k\cos\alpha x) = \eta(x)$, $\dfrac{1}{L(D)}(k\sin\alpha x) = \xi(x)$
>
> ④　$\dfrac{1}{1-aD} = 1 + aD + a^2D^2 + a^3D^3 + \cdots + a^nD^n + \cdots$

例題 6　微分演算子を用いて，次の微分方程式の1つの解を求めよ。

(1) $y'' - y' + 2y = \cos 2x$　　　(2) $2y'' - 3y' + y = x + 1$

考え方　微分演算子についての公式を用いる。

解 (1) $L(D)y = (D^2 - D + 2)y = \cos 2x$

公式③を用いるために，まず，$\dfrac{1}{D^2 - D + 2}e^{2ix}$ を求める。公式①より

$$\frac{1}{D^2 - D + 2}e^{2ix} = \frac{1}{(2i)^2 - (2i) + 2}e^{2ix} = \frac{1}{-2 - 2i}e^{2ix}$$

$$= \frac{-2 + 2i}{8}(\cos 2x + i\sin 2x) = \frac{-1 + i}{4}(\cos 2x + i\sin 2x)$$

$$= -\frac{1}{4}\cos 2x - \frac{1}{4}\sin 2x + i\left(\frac{1}{4}\cos 2x - \frac{1}{4}\sin 2x\right)$$

したがって③より　$y = \dfrac{1}{D^2 - D + 1}\cos 2x = -\dfrac{1}{4}\cos 2x - \dfrac{1}{4}\sin 2x$

(2) $L(D)y = (2D^2 - 3D + 1)y = x + 1$, 公式④より

$$y = \frac{1}{2D^2 - 3D + 1}(x + 1) = \frac{1}{(2D - 1)(D - 1)}(x + 1)$$

$$= \frac{1}{(1 - 2D)}\frac{1}{(1 - D)}(x + 1) = \frac{1}{1 - 2D}(1 + D + D^2 + \cdots)(x + 1)$$

$$= \frac{1}{1 - 2D}\{x + 1 + D(x + 1) + D^2(x + 1) + \cdots\}$$

$$= \frac{1}{1 - 2D}(x + 1 + 1) = (1 + 2D + 4D^2 + \cdots)(x + 2)$$

$$= x + 2 + 2D(x + 2) = x + 2 + 2 = x + 4$$

175 微分演算子を用いて，次の微分方程式の1つの解を求めよ。

(1) $y'' - 6y' + 5y = e^{-x}$　　　(2) $y'' - 2y' + y = xe^x$

(3) $y'' - 4y = \sin 2x$　　　(4) $y'' - 2y' - 3y = x^2 + 1$

5 章 の問題

1 次の微分方程式の一般解を求めよ。

(1) $x^3 \dfrac{dy}{dx} + y^2 = 0$ (2) $\dfrac{dy}{dx} = 1 + \dfrac{y}{x}$

(3) $x \dfrac{dy}{dx} + y = \sin x$ (4) $(1 + x^2) \dfrac{dy}{dx} = xy + 1$

2 次の微分方程式の解で（　）内の初期条件を満たすものを求めよ。

(1) $y' + y \tan x = \dfrac{1}{\cos x}$ $(y(0) = 1)$

(2) $\dfrac{dy}{dx} + 2y = x$ $(y(0) = 1)$

3 次の微分方程式の一般解を求めよ。

(1) $y'' - 2y' + 5y = 0$ (2) $y'' + 4y' + 4y = x^2$

(3) $y'' + 2y' - 3y = e^{2x}$ (4) $\dfrac{d^2 y}{dx^2} + y = \cos x$

4 次の微分方程式の解で（　）内の初期条件を満たすものを求めよ。

(1) $y'' - y' - 2y = 0$ $(y(0) = 2, \ y'(0) = 1)$

(2) $y'' - 4y = \sin x$ $(y(0) = 0, \ y'(0) = 3)$

(3) $\dfrac{d^2 y}{dx^2} + 3 \dfrac{dy}{dx} + 2y = 1$ $\left(y(0) = 0, \ \dfrac{dy}{dx}(0) = 0 \right)$

5 微分方程式 $\dfrac{dy}{dx} = y + xy^2$ について，各問いに答えよ。

(1) $z(x) = \dfrac{1}{y(x)}$ はどんな微分方程式を満たすか。

(2) 一般解を求めよ。

6 $y = e^{-2x} \sin 3x$ とする。

(1) 導関数 $\dfrac{dy}{dx}$ および 2 階導関数 $\dfrac{d^2 y}{dx^2}$ を求めよ。

(2) y が微分方程式 $\dfrac{d^2 y}{dx^2} + a \dfrac{dy}{dx} + by = 0$ の解となるような定数 a, b の値を求めよ。また，そのときの一般解を求めよ。

7 $y = y(x)$ $(y \neq 0)$, $z = z(x)$ とする。このとき，次の問いに答えよ。

(1) $z = y^{-4}$ のとき，$\dfrac{dz}{dx}$ を y および $\dfrac{dy}{dx}$ を用いて表せ。

(2) 変数変換 $z = y^{-4}$ を用いて，微分方程式 $\dfrac{dy}{dx} + yP(x) = y^5 Q(x)$
をに関する微分方程式に書き直せ。

(3) 微分方程式 $\dfrac{dy}{dx} + xy = \dfrac{1}{2}xy^5$ の一般解を求めよ。

8 t の関数 $x(t)$ が次の微分方程式を満たすとする。
$$x' + x^2 + a(t)x + b(t) = 0$$
ただし，$x' = \dfrac{dx}{dt}$ である。このとき，次の問いに答えよ。

(1) $x(t) = \dfrac{u'(t)}{u(t)}$ のとき，関数 $u(t)$ を満たす微分方程式を求めよ。

(2) 微分方程式 $x' = x(1-x)$ の一般解を求めよ。

9 $x(t)$ に関する微分方程式
$$\frac{d^2x}{dt^2} + 20\frac{dx}{dt} + \alpha x = 0$$
について考える。ただし $\alpha > 0$ であるとする。

(1) $\alpha = 64$ とし，初期条件を $t = 0$ で $x = 1, \dfrac{dx}{dt} = 8$ としたときの微分方程式の解を求めよ。

(2) $t = 0$ で $x = 1, \dfrac{dx}{dt} = -15$ であるとする。このとき，つねに $x(t) > 0$ が成り立つような α の範囲を求めよ。

10 微分方程式 $\dfrac{d^2x}{dt^2} + 2b\dfrac{dx}{dt} + \omega^2 x = 0$ について，次の問いに答えよ。

(1) 一般解を $b^2 - \omega^2 \leqq 0$ の場合について求めよ。

(2) 初期条件 $t = 0$ で $x = 0, \dfrac{dx}{dt} = 1$ のもとに解き，$b > 0$ のときの解の特徴を表すグラフの概形をかけ。

詳しい解答や図・証明は，弊社 Web サイト （https://www.jikkyo.co.jp）
の本書の紹介からダウンロードできます。

解答

1章　微分法

1. いろいろな関数表示の微分法

1 略

2 (1) $\begin{cases} x=t+1 \\ y=-2t+3 \end{cases}$　(2) $\begin{cases} x=-\dfrac{1}{2}t \\ y=t+5 \end{cases}$

3 $y=\pm\sqrt{x-2}$, $t=\pm1$ のとき 1 つ，
$t \neq \pm1$, 0 のとき 2 つ

4 (1) $\dfrac{1}{2}$　(2) 0　(3) $2\left(t-\dfrac{1}{t}\right)$

(4) $-\cos t$

5 (1) すべての実数　(2) $0<t<2\pi$

(3) $t \neq \dfrac{3}{2}$, $t>0$

6 (1) $x=30$　(2) $x=0$

7 (1) $(2,\ 0)$　(2) $\left(3\sqrt{2},\ \dfrac{3}{4}\pi\right)$

(3) $\left(1,\ \dfrac{11}{6}\pi\right)$　(4) $\left(4,\ \dfrac{4}{3}\pi\right)$

(5) $(3,\ \pi)$　(6) $\left(2,\ \dfrac{7}{4}\pi\right)$

(7) $\left(4,\ \dfrac{3}{2}\pi\right)$　(8) $\left(2\sqrt{3},\ \dfrac{5}{6}\pi\right)$

8 (1) $\left(\dfrac{1}{2},\ \dfrac{\sqrt{3}}{2}\right)$

(2) $(-\sqrt{2},\ -\sqrt{2})$　(3) $(0,\ -5)$

(4) $(\sqrt{3},\ -1)$　(5) $(-2,\ 0)$

(6) $\left(-\dfrac{3}{2},\ -\dfrac{3\sqrt{3}}{2}\right)$

(7) $(-\sqrt{3},\ -1)$　(8) $(0,\ 4)$

9 グラフ略。(1) $y=3$　(2) $y=x$
(3) $x^2+y^2=4$
(4) $(x-3)^2+y^2=3^2$
(5) $x^2+(y-1)^2=1$　(6) $x=-1$
(7) $x^2+y^2=\sqrt{2}\,(y+x)$
(8) $x^2+y^2=3x+3\sqrt{3}\,y$

10 (1) $r=\dfrac{-1}{\cos\theta-\sin\theta}$

(2) $r=6\cos\theta+8\sin\theta$

(3) $r=\dfrac{8}{\cos\theta}$　(4) $r=\dfrac{\sin\theta}{5\cos^2\theta}$

(5) $r^2=\dfrac{1}{\cos^2\theta-\sin^2\theta}$

(6) $r^2=\dfrac{1}{\cos\theta\sin\theta}$

(7) $r=\cos^2\theta\sin\theta$

(8) $r=3\sin\theta-4\sin^3\theta$　$(=\sin3\theta)$

11 (1) $-\cot\theta$

(2) $\dfrac{\sin\theta+\theta\cos\theta}{\cos\theta-\theta\sin\theta}$　$\left(=\dfrac{\tan\theta+\theta}{1-\theta\tan\theta}\right)$

(3) $-\cot2\theta$　(4) $\dfrac{2\tan\theta+\tan2\theta}{2-\tan2\theta\tan\theta}$

12 (1) $y=\sqrt{5-x^2}$　(2) $y=2\sqrt{x}$

(3) $y=\sqrt{4-\dfrac{4}{5}x^2}$

(4) $y=\sqrt{x^2-1}$

(5) $y=\sqrt{-x^2+2x}$

(6) $y=3+\sqrt{4-(x+4)^2}$

13 (1) $\dfrac{1}{\sqrt{x}}$　(2) $-\dfrac{2x}{\sqrt{1-x^2}}$

(3) $\dfrac{x}{2\sqrt{x^2-1}}$　(4) $\dfrac{-x+1}{\sqrt{-x^2+2x}}$

(5) $-\dfrac{x+1}{\sqrt{1-(x+1)^2}}$

(6) $\dfrac{x}{2\sqrt{x^2+4}}$

14 (1) $\dfrac{2}{y}$　(2) $-\dfrac{x}{4y}$　(3) $-\dfrac{x^2}{y^2}$

(4) $\dfrac{3-x}{y-2}$　(5) $-\dfrac{1+x}{1+y}e^{x-y}$

(6) $\dfrac{x}{4y-4}$

15 (1) $\dfrac{\cos x}{\sin y}$　(2) $-\dfrac{y}{x}$

(3) $-\dfrac{2x+3y}{3x+2y}$　(4) $-\dfrac{y(x+1)}{x(y+1)}$

(5) $\tan x\tan y$　(6) $\dfrac{2}{3}\cot3y$

16 (1) $\dfrac{2}{r}$　(2) $\dfrac{9\cos2\theta}{r}$

(3) $\dfrac{-4\sin2\theta}{r}$　(4) $-\dfrac{2\sin4\theta}{r}$

(5) $\dfrac{9\cos2\theta}{r}$　(6) $-r\cot2\theta$

17 (1) $y=x-2$　(2) $y=-\dfrac{4}{3}x+\dfrac{4}{3}$

18 $y=x+2$

19 $y=\dfrac{1}{2}x+1$

20 (1) $-\dfrac{3x^2+y}{x+2y}$

(2) $\dfrac{-\cos x+\cos(x+y)}{\cos y-\cos(x+y)}$

(3) $-\dfrac{e^{x+y}-e^x}{e^{x+y}-e^y}$

2. 平均値の定理とその応用

21 (1) $c=\dfrac{1}{2}$　(2) $c=\dfrac{2}{3}$

(3) $c=1$　(4) $c=1$

(5) $c=\dfrac{\pi}{2},\ \dfrac{3}{2}\pi$

(6) $c=\dfrac{1}{4}\pi,\ \dfrac{5}{4}\pi$

(7) $c=\dfrac{3}{4}\pi,\ \dfrac{7}{4}\pi$

22 (1) $c=\dfrac{3}{2}$　(2) $c=\sqrt{\dfrac{5}{2}}$

(3) $c=e-1$　(4) $c=\sqrt{1-\dfrac{4}{\pi^2}}$

(5) $c=\dfrac{1}{2}$　(6) $c=\dfrac{1\pm\sqrt{7}}{3}$

(7) $c=\sqrt{\dfrac{4}{\pi}-1}$　(8) $c=0$

23 (1) $c=1$　(2) $c=\dfrac{2}{3}$

(3) $c=2$　(4) $c=\log\left(\dfrac{1}{\log 2}\right)$

24 (1) $\dfrac{7}{12}$　(2) 2　(3) 1　(4) 0

(5) 1　(6) 0　(7) 2　(8) $\dfrac{1}{2}$

(9) 0　(10) $\dfrac{1}{2}$

25 (1) $c=\dfrac{1}{2}(a+b)$

(2) $c=\dfrac{1}{4}(\sqrt{a}+\sqrt{b})^2$

26 $\theta=\dfrac{1}{2}$

27, 28 略

29 (1) $\dfrac{-1}{2}$　(2) 0　(3) 1

(4) 1

30 (1) -6　(2) 0　(3) 0　(4) 1

(5) 1　(6) e

31 (1) $\dfrac{1}{3}$　(2) $\left(\sqrt{3},\ \dfrac{5\sqrt{3}}{3}\right)$

(3) $y=\dfrac{1}{3}x+\dfrac{4\sqrt{3}}{3}$

32 (1) $y=\dfrac{1}{2}x+\dfrac{1}{2}$　(2) 略

3. テイラーの定理とその応用

33 (1) $\sqrt{x}\fallingdotseq\sqrt{a}+\dfrac{1}{2\sqrt{a}}(x-a)\ (a>0)$

(2) $\sqrt[3]{1+x}$
$\fallingdotseq\sqrt[3]{1+a}+\dfrac{1}{3\sqrt[3]{(1+a)^2}}(x-a)$

(3) $\sqrt[4]{x}\fallingdotseq\sqrt[4]{a}+\dfrac{1}{4\sqrt[4]{a^3}}(x-a)\ (a>0)$

(4) $\log x\fallingdotseq\log a+\dfrac{1}{a}(x-a)\ (a>0)$

(5) $e^x\fallingdotseq e^a+e^a(x-a)$

(6) $\sin x\fallingdotseq\sin a+(x-a)\cos a$

(7) $\cos x\fallingdotseq\cos a-(x-a)\sin a$

34 (1) 2.025　(2) 2.0083

(3) 2.003125　(4) 0.1

(5) 2.446　(6) 0.0314

(7) 0.0628

35 (1) 1次 $f(x)\fallingdotseq1-x$,
2次 $f(x)\fallingdotseq1-x+x^2$

(2) 1次 0.95, 2次 0.9525

36 (1) $f(x)\fallingdotseq\sqrt{a}+\dfrac{1}{2\sqrt{a}}(x-a)$
$-\dfrac{1}{8\sqrt{a^3}}(x-a)^2\ (a>0)$

(2) $f(x)$
$\fallingdotseq\sqrt[3]{1+a}+\dfrac{1}{3\sqrt[3]{(1+a)^2}}(x-a)$
$-\dfrac{1}{9\sqrt[3]{(1+a)^5}}(x-a)^2$

(3) $f(x)\fallingdotseq\sqrt[4]{a}+\dfrac{1}{4\sqrt[4]{a^3}}(x-a)$
$-\dfrac{3}{32\sqrt[4]{a^7}}(x-a)^2\ (a>0)$

(4) $f(x) \doteqdot \log a + \dfrac{1}{a}(x-a)$
$-\dfrac{1}{2a^2}(x-a)^2 \quad (a>0)$

(5) $f(x) \doteqdot e^a + e^a(x-a)$
$+\dfrac{e^a}{2}(x-a)^2$

(6) $f(x) \doteqdot \sin a + (\cos a)(x-a)$
$-\dfrac{1}{2}(\sin a)(x-a)^2$

(7) $f(x) \doteqdot \cos a - (\sin a)(x-a)$
$-\dfrac{1}{2}(\cos a)(x-a)^2$

37 (1) 2.02484   (2) 2.008298
(3) 2.003118   (4) 0.095
(5) 2.4600   (6) 0.0314
(7) 0.0628

38 (1) $e^x = e + (x-1)e + \dfrac{(x-1)^2 e}{2!}$
$+\cdots + \dfrac{(x-1)^n}{n!} + \cdots$

(2) $f(x)$
$= 1 - (x-1) + (x-1)^2 - (x-1)^3$
$+\cdots + (-1)^{n-1}(x-1)^n + \cdots$

(3) $\sqrt[3]{x}$
$= 1 + \dfrac{1}{3}(x-1) - \dfrac{1}{9}(x-1)^2$
$+\dfrac{5}{81}(x-1)^3 - \dfrac{10}{243}(x-1)^4 + \cdots$
$+\dfrac{(-1)^{n-1} 1 \cdot 2 \cdot \cdots \cdot (3n-4)}{3^n \cdot n!}(x-1)^n$
$+\cdots$

(4) $f(x) = 1 + 4(x-1) + 6(x-1)^2$
$+ 4(x-1)^3 + (x-1)^4$

39 (1) $x - \dfrac{1}{2}x^2 + \dfrac{1}{3}x^3 + \cdots$

(2) $x + \dfrac{x^3}{3} + \dfrac{2}{15}x^5 + \cdots$

(3) $1 + x^2 + \dfrac{1}{2}x^4 + \cdots$

(4) $x + \dfrac{1}{3!}x^3 + \dfrac{9}{5!}x^5 + \cdots$

(5) $x - \dfrac{1}{3}x^3 + \dfrac{1}{5}x^5 + \cdots$

40 (1) $e^{2x} = 1 + 2x + \dfrac{4}{2!}x^2 + \dfrac{8}{3!}x^3 + \cdots$
$+\dfrac{2^n}{n!}x^n + \cdots$

(2) $\dfrac{1}{1+x^2} = 1 - x^2 + x^4 - x^6 + \cdots$
$+(-1)^n x^{2n} + \cdots$

(3) $\cos 2t = 1 - \dfrac{2^2}{2!}x^2 + \dfrac{2^4}{4!}x^4 - \dfrac{2^6}{6!}x^6$
$+\cdots + \dfrac{(-1)^n \cdot 2^{2n}}{(2n)!}x^{2n} + \cdots$

(4) $\sin 3x$
$= 3x - \dfrac{3^3}{3!}x^3 + \dfrac{3^5}{5!}x^5 - \dfrac{3^7}{7!}x^7$
$+\cdots + \dfrac{(-1)^n \cdot 3^{2n+1}}{(2n+1)!}x^{2n+1} + \cdots$

41 (1) $x=-2$ のとき極小値 -9
(2) $x=1$ のとき極小値 5
$x=-1$ のとき極大値 9
(3) $x=0$ のとき極小値 -5
$x=-3$ のとき極大値 22
(4) $x=0$ のとき極大値 5
$x=\pm 1$ のとき極小値 4
(5) $x=0$ のとき極小値 1
(6) $x=e$ のとき極大値 $\dfrac{1}{e}$
(7) 極値をとらない
(8) $x=\dfrac{\pi}{6}$ のとき極大値 $\dfrac{\pi}{6}+\sqrt{3}$,
$x=\dfrac{5}{6}\pi$ のとき極小値 $\dfrac{5}{6}\pi - \sqrt{3}$

42 (1) 下に凸   (2) 下に凸
(3) 上に凸   (4) 下に凸

43 (1) $x<-\dfrac{3}{2}$ のとき上に凸,
$x>-\dfrac{3}{2}$ のとき下に凸

(2) $-\dfrac{1}{\sqrt{3}} < x < \dfrac{1}{\sqrt{3}}$ のとき上に凸,
$x<-\dfrac{1}{\sqrt{3}}$, $\dfrac{1}{\sqrt{3}}<x$ のとき下に凸

(3) $0<x<e^{\frac{3}{2}}$ のとき上に凸,
$e^{\frac{3}{2}}<x$ のとき下に凸

(4) $0<x$ で下に凸

44 (1) $x=1$ で極大値 3,
$x=-1$ で極小値 -3

(2) $x=\sqrt{3}$ で極小値 $\dfrac{3\sqrt{3}}{2}$,

$x=-\sqrt{3}$ で極大値 $\dfrac{-3\sqrt{3}}{2}$

(3) $x=-\dfrac{1}{3}$ で極大値 $\dfrac{9}{2}$,

$x=3$ で極小値 $\dfrac{-1}{2}$

(4) $x=\dfrac{1}{\sqrt[3]{2}}$ で極小値 $\dfrac{3}{\sqrt[3]{2}}$

45 (1) $x=\dfrac{3}{2}$ で上に凸, $x=2$ で下に凸

(2) $x=-\dfrac{1}{2}$ で下に凸,

$x=\dfrac{1}{2}$ で上に凸

(3) $x=0$ で上に凸, $x=1$ で下に凸

(4) $x=-\dfrac{1}{2}$ で上に凸,

$x=\dfrac{1}{2}$ で下に凸

46 (1) $\sin\left(x+\dfrac{\pi}{2}\cdot n\right)$

(2) $\sin\left(x+\dfrac{\pi}{2}\cdot(n+1)\right)$

(3) $2^{n-1}\sin\left(2x+\dfrac{\pi}{2}\cdot(n-1)\right)$

47 (1) $\dfrac{x}{2x^2-3x+1}=x+3x^2+7x^3+\cdots$
$+(2^n-1)x^n+\cdots$

(2) $e^x\sin x$
$=x+x^2+\dfrac{2}{3!}x^3-\dfrac{4}{5!}x^5-\dfrac{8}{6!}x^6$
$-\dfrac{8}{7!}x^7+\cdots+\dfrac{\sqrt{2}^{\,n}\sin\left(\dfrac{\pi}{4}\cdot n\right)}{n!}x^n$
$+\cdots$

48 (1) $-\dfrac{1}{2}$ (2) $\dfrac{1}{2}$

1章の問題

1 (1) $\dfrac{1}{2}$ (2) 0 (3) $\dfrac{10}{3}$
(4) 1 (5) $\dfrac{1}{3}$

2 $\dfrac{e^2+1}{e^2-1}$

3 $\dfrac{3}{4}$

4 $\dfrac{\sin\theta+\cos\theta}{\cos\theta-\sin\theta}$ $\left(=\dfrac{\tan\theta+1}{1-\tan\theta}\right)$

5 (1) $x<1,\ 3<x$ (2) $x<2$

6 (1) $x=\dfrac{3}{4}$ (2) $0<x<\dfrac{1}{2}$

7 (1) $x=2$ のとき極小値 4,
$x=-2$ のとき極大値 -4
(2) $x=0$ のとき極大値 1,
$x=-2$ のとき極小値 $-\dfrac{1}{3}$

8 $a\leqq-\dfrac{9}{8},\ 2\leqq a$

9 10.19
10 0.87
11 略
12 (1) $\dfrac{x^2}{3}+\dfrac{(y+1)^2}{4}=1$, グラフ略
(2) $y=-2x+3$
13 $\vec{v}=(e^{at}(a\cos t-\sin t),$
$e^{at}(a\sin t+\cos t))$,
傾き $\dfrac{a\sin t+\cos t}{a\cos t-\sin t}$
14 (1) $\vec{v}=(e^t(\cos t-\sin t),$
$e^t(\cos t+\sin t))$
$\vec{a}=-2e^t(\sin t,\ -\cos t)$,
傾き $\dfrac{\sin t+\cos t}{\cos t-\sin t}$ $\left(=\dfrac{1+\sin 2t}{\cos 2t}\right)$
(2) $\theta_1=\dfrac{\pi}{4},\ \theta_2=\dfrac{\pi}{2}$

2章 積分法

1. 定積分と不定積分

49 (1) $\dfrac{1}{2}(b-a)(b+a-2)$
(2) a^2-b^2

50 (1) $\dfrac{8}{3}$ (2) $\dfrac{14}{3}$

51 (1) $\dfrac{7}{3}$ (2) $\dfrac{1}{3}$

52 (1) $x^2+x+\log|x-1|+C$
(2) $x-\log(x^2+1)+C$
(3) $x^3+x^2+\log|x+1|+C$

(4) $\dfrac{1}{2}x^2+2\,\mathrm{Tan}^{-1}x+C$

53 (1) $\log\left|\dfrac{x+1}{x+2}\right|+C$

(2) $\log|x-1|(x^2+1)+\mathrm{Tan}^{-1}x+C$

(3) $\log|x+1|(x^2+2x+2)$
$\qquad\qquad +\mathrm{Tan}^{-1}(x+1)+C$

(4) $\log|x(x+2)|-\dfrac{1}{x+2}+C$

54 (1) $\tan\dfrac{x}{2}+C$

(2) $-\dfrac{2}{\tan\dfrac{x}{2}-1}+C$

(3) $2\left(\tan\dfrac{x}{2}-\dfrac{x}{2}\right)+C$

(4) $\log\left|\tan\dfrac{x}{2}\right|+C$

55 (1) $\mathrm{Sin}^{-1}\dfrac{x-2}{2}+C$

(2) $\dfrac{1}{3}\mathrm{Sin}^{-1}\dfrac{3x+1}{3}+C$

(3) $\dfrac{1}{2}\Big\{(x+3)\sqrt{16-6x-x^2}$
$\qquad\qquad +25\,\mathrm{Sin}^{-1}\dfrac{x+3}{5}\Big\}+C$

(4) $\dfrac{1}{6}\Big\{(3x-1)\sqrt{6x-9x^2}$
$\qquad\qquad +\mathrm{Sin}^{-1}(3x-1)\Big\}+C$

56 (1) $\log|x+2+\sqrt{x^2+4x+5}\,|+C$

(2) $\dfrac{1}{2}\log|2x+1+\sqrt{4x^2+4x+3}\,|$
$\qquad\qquad\qquad +C$

(3) $\dfrac{1}{2}\Big\{(x+3)\sqrt{x^2+6x+10}$
$\qquad +\log|x+3+\sqrt{x^2+6x+10}\,|\Big\}+C$

(4) $\dfrac{1}{4}\Big\{(2x-1)\sqrt{4x^2-4x+7}$
$\quad +6\log|2x-1+\sqrt{4x^2-4x+7}\,|\Big\}+C$

57 $\dfrac{1}{4}$

58 (1) 0 (2) 4

59 (1) $x+\log(x^2+1)+\mathrm{Tan}^{-1}x+C$

(2) $\mathrm{Sin}^{-1}\dfrac{2x+1}{3}+C$

(3) $\log\left|\tan\dfrac{x}{2}\right|+\dfrac{2}{\tan\dfrac{x}{2}+1}+C$

(4) $\dfrac{1}{2}\Big\{\left(x+\dfrac{1}{2}\right)\sqrt{x^2+x+1}$
$\quad +\dfrac{3}{4}\log\left|\left(x+\dfrac{1}{2}\right)+\sqrt{x^2+x+1}\,\right|\Big\}+C$

(5) $2\sqrt{x^2+1}+\log|x+\sqrt{x^2+1}\,|+C$

(6) $-\dfrac{2}{3}\sqrt{(1-x^2)^3}$
$\qquad +\dfrac{1}{2}\{x\sqrt{1-x^2}+\mathrm{Sin}^{-1}x\}+C$

(7) $-\dfrac{1}{\sqrt{2}}\log\left|\dfrac{\tan\dfrac{x}{2}-1-\sqrt{2}}{\tan\dfrac{x}{2}-1+\sqrt{2}}\right|+C$

(8) $\tan\dfrac{x}{2}+\dfrac{1}{2}\log\left|\tan\dfrac{x}{2}\right|$
$\qquad\qquad +\dfrac{1}{4}\left(\tan\dfrac{x}{2}\right)^2+C$

60 (1) $2+\log 2$ (2) $\dfrac{1}{2}+\log\dfrac{3}{4}$

(3) $\log(2+\sqrt{3}\,)$ (4) $\dfrac{2+\pi}{4}$

(5) $\log 3$ (6) $\dfrac{15}{2}+8\log 2$

61 略

62 (1) $\log(1+\sqrt{2}\,)$ (2) $\dfrac{2}{3}$

2. 定積分の応用

63 (1) $3\pi-8$ (2) $\pi+2$ (3) $\dfrac{4}{5}$

64 (1) $\dfrac{3\pi}{8}+1$ (2) a^2 (3) $\dfrac{1}{2}\pi a^2$

(4) $\dfrac{1}{4}\pi a^2$

65 (1) $\dfrac{\sqrt{5}}{4}+\log\dfrac{1+\sqrt{5}}{2}$

(2) $\log(2+\sqrt{3}\,)$

66 (1) $\dfrac{61}{27}$ (2) $2a(2-\sqrt{2}\,)$

(3) $\sqrt{2}\,(e^\pi-1)$ (4) $2a(2-\sqrt{2}\,)$

67 (1) $\dfrac{\pi(4-\pi)}{4}$ (2) $\pi(e-2)$

68 (1) $3\pi-8$ (2) 1

(3) $\log(2+\sqrt{3}\,)$

69 (1) 2　(2) $\dfrac{\pi}{2}$　(3) π

70 (1) $\dfrac{1}{3}$　(2) 1　(3) π

71 (1) $2-\dfrac{\pi}{2}$　(2) $2\pi+\dfrac{3\sqrt{3}}{2}$

72 (1) $\dfrac{1}{2}\log 3$　(2) $\sqrt{2}\,(e-1)$

   (3) $\dfrac{1}{2}(\sqrt{2}+\log(1+\sqrt{2}\,))$　(4) π

73 (1) $\dfrac{\pi(\pi-2)}{2}$　(2) $\dfrac{\pi^3}{2}$　(3) $\dfrac{\pi}{6}$

   (4) $\dfrac{\pi(e^{2\pi}+1)}{5}$

74 (1) $\log(2+\sqrt{3}\,)$　(2) $\dfrac{1}{2}$

   (3) $\dfrac{1}{2}$　(4) $\dfrac{\pi}{2}$　(5) π

   (6) $\begin{cases} \dfrac{1}{-n+1} & (0<n<1) \\ \infty & (n\geqq 1) \end{cases}$

2章の問題

1 (1) ②　(2) ③

2 ③

3 (1) $2\,\mathrm{Tan}^{-1}x-x+C$

   (2) $\log\left|\dfrac{(x+3)^3}{x-2}\right|+C$

   (3) $\log|x^2+x+1|$
$$-\dfrac{2}{\sqrt{3}}\mathrm{Tan}^{-1}\left(\dfrac{2x+1}{\sqrt{3}}\right)+C$$

   (4) $\log\left|\dfrac{x-1}{x}\right|+\dfrac{1}{x}+C$

4 (1) $\dfrac{1}{2}\{x\sqrt{x^2+1}-\log|x+\sqrt{x^2+1}\,|\}$
$$+C$$

   (2) $x\sqrt{1-x^2}+2\,\mathrm{Sin}^{-1}x+C$

   (3) $-x-\dfrac{4}{\tan\dfrac{x}{2}+1}+C$

   (4) $\dfrac{1}{2}\mathrm{Tan}^{-1}\left(\dfrac{1}{2}\tan\dfrac{x}{2}\right)+C$

5 略

6 (1) $\dfrac{1}{8}(2t^2-2t\sin 2t-\cos 2t)+C$

   (2) $\dfrac{3\pi^2+4}{16\pi}$

7 (1) $3t-e^{2t}+e^t$

   (2) $t=\log\dfrac{3}{2}$ のとき最大値
$$3\log\dfrac{3}{2}-\dfrac{3}{4}$$

8 (1) $\dfrac{\pi}{2}$　(2) $\dfrac{4\pi}{3}$

9 $1-\dfrac{\pi}{4}$

3章　偏微分

1. 2変数関数と偏微分

75 グラフ略　(1) xy 平面の点全体

   (2) $y=-x$ より上の領域

   (3) $-1\leqq x\leqq 1$ をみたす点全体

   (4) 原点中心，半径 1 の円の外部および周

   (5) $0<x$ かつ $0<y$ または $0>x$ かつ $0>y$ となる領域

   (6) $(0,\ 0)$ 以外の点すべて

   (7) $x=0$ または $y=1$ となる点を除くすべての点

   (8) $x=-y^2$ より右の領域

76 (1), (2), (3)は極限値なし。理由略。

   (4) 0　(5) 0　(6) 0　(7) 0

   (8) 0

77 連続である

78 (1) $f_x(1,\ 0)=3,\ f_y(1,\ 0)=-3$

   (2) $f_x(1,\ 0)=1,\ f_y(1,\ 0)=2$

   (3) $f_x(1,\ 0)=1,\ f_y(1,\ 0)=1$

   (4) $f_x(1,\ 0)=1,\ f_y(1,\ 0)=2$

   (5) $f_x(1,\ 0)=0,\ f_y(1,\ 0)=2$

   (6) $f_x(1,\ 0)=0,\ f_y(1,\ 0)=-2$

   (7) $f_x(1,\ 0)=2,\ f_y(1,\ 0)=0$

   (8) $f_x(1,\ 0)=2\pi,\ f_y(1,\ 0)=\dfrac{\pi}{2}$

79 (1) $f_{xx}=0,\ f_{xy}=f_{yx}=2y,\ f_{yy}=2x$

   (2) $f_{xx}=-\dfrac{1}{x^2},\ f_{xy}=f_{yx}=0,$
$$f_{yy}=-\dfrac{2}{y^2}$$

   (3) $f_{xx}=\dfrac{2y}{(x+y)^3},$
$$f_{xy}=f_{yx}=\dfrac{-x+y}{(x+y)^3},\ f_{yy}=\dfrac{-2x}{(x+y)^3}$$

(4) $f_{xx}=54(3x+2y)$,
$f_{xy}=f_{yx}=36(3x+2y)$,
$f_{yy}=24(3x+2y)$

(5) $f_{xx}=y\cdot(y-1)x^{y-2}$,
$f_{xy}=f_{yx}=x^{y-1}+y(\log x)\cdot x^{y-1}$,
$f_{yy}=(\log x)^2\cdot x^y$

(6) $f_{xx}=\dfrac{-2xy^3}{\{(xy)^2+1\}^2}$,
$f_{xy}=f_{yx}=\dfrac{-(xy)^2+1}{\{(xy)^2+1\}^2}$,
$f_{yy}=\dfrac{-2x^3y}{\{(xy)^2+1\}^2}$

(7) $f_{xx}=\dfrac{y^2}{(x^2+y^2)^{\frac{3}{2}}}$,
$f_{xy}=f_{yx}=\dfrac{-xy}{(x^2+y^2)^{\frac{3}{2}}}$,
$f_{yy}=\dfrac{x^2}{(x^2+y^2)^{\frac{3}{2}}}$

(8) $f_{xx}=\dfrac{y(-2x^2+y^2)}{x^2(x^2-y^2)^{\frac{3}{2}}}$,
$f_{xy}=f_{yx}=\dfrac{x}{(x^2-y^2)^{\frac{3}{2}}}$,
$f_{yy}=\dfrac{-y}{(x^2-y^2)^{\frac{3}{2}}}$

80 (1) $-\sin 2t$ (2) $4e^{2t}$
(3) $-\dfrac{3}{t^4}+6t^5$ (4) $\dfrac{4}{(e^t+e^{-t})^2}$

81 (1) $f_u=\dfrac{8u}{4u^2+9v^2}$, $f_v=\dfrac{18v}{4u^2+9v^2}$
(2) $f_u=-3\cos^2 u\sin u\sin^2 v$,
$f_v=2\cos^3 u\sin v\cos v$
(3) $f_u=2e^{2u}\cos^2 v-4e^{2u}\sin^2 v$,
$f_v=-3e^{2u}\sin 2v$

82 (1) 48.2 (cm²) (2) 128.6 (cm)

83 (1) $-\sin(3x+2y)(3\,dx+2\,dy)$
(2) $\dfrac{1}{\sqrt{1-(xy)^2}}(y\,dx+x\,dy)$
(3) $\dfrac{x^2+y^2}{xy}\left(-\dfrac{1}{x}\,dx+\dfrac{1}{y}\,dy\right)$
(4) $\tan y\,dx+x\cdot\dfrac{1}{\cos^2 y}\,dy$

84 6.0 (cm³)

85 (1) $z=2x+4y-5$ (2) $z=2y-1$

86 (1) $z=4x-4y$

(2) $z=-x-\dfrac{1}{2}y+\dfrac{9}{2}$
(3) $z=x+2y-1$
(4) $z=3x+2y-3$

87 (1), (2)とも極限値なし。理由略。

88 略

89 $f_{xy}(0,\ 0)=-1$, $f_{yx}(0,\ 0)=1$

90 (1) 調和関数である
(2) 調和関数でない
(3) 調和関数でない
(4) 調和関数である

91〜95 略

96 (1) $\dfrac{3}{x+y+z}$ (2) 0

97 (1) 調和関数である
(2) 調和関数である

2. 偏微分の応用

98 (1) $(1,\ 2)$ で極小値 -3
(2) 極値なし
(3) $\left(\dfrac{2}{3},\ 0\right)$ で極小値 $-\dfrac{4}{27}$
(4) $(1,\ 1)$ で極小値 -1
(5) $(-1,\ -2)$ で極大値 18
$(1,\ 2)$ で極小値 -18
(6) $(1,\ 2)$, $(-1,\ -2)$ で極小値 0
(7) $(3,\ 3)$ で極小値 -26
(8) $(1,\ 1)$, $(-1,\ -1)$ で極小値 -1

99 (1) $\dfrac{dy}{dx}=\dfrac{-x}{y}$ (2) $\dfrac{dy}{dx}=\dfrac{\sin x}{\cos y}$
(3) $\dfrac{dy}{dx}=-\dfrac{xy+y}{xy+x}$
(4) $\dfrac{dy}{dx}=\dfrac{-1+e^x}{1-e^y}$

100 (1) l は, $x+\sqrt{3}\,y-4=0$
l' は, $\sqrt{3}\,x-y=0$
(2) l は, $x+y-2=0$
l' は, $x-y=0$
(3) l は, $x-y-1=0$
l' は, $x+y-3=0$
(4) l は, $x+4y-9=0$
l' は, $4x-y-2=0$

101 (1) $x=1$ で極大値 1,
$x=-1$ で極小値 -1

(2) $x=\dfrac{1}{\sqrt{3}}$ で極小値 $-\dfrac{2}{\sqrt{3}}$,

$x=-\dfrac{1}{\sqrt{3}}$ で極大値 $\dfrac{2}{\sqrt{3}}$

(3) $x=1$ で極大値 2

(4) $x=1$ で極小値 2

102 (1) $(1,\ -1)$ で極小値 -2,

$(-1,\ 1)$ で極大値 2

(2) $\left(\dfrac{2}{\sqrt{6}},\ \dfrac{1}{\sqrt{6}}\right)$ で極大値 $\dfrac{3}{\sqrt{6}}$

$\left(\dfrac{-2}{\sqrt{6}},\ \dfrac{-1}{\sqrt{6}}\right)$ で極小値 $\dfrac{-3}{\sqrt{6}}$

(3) $\left(\pm\dfrac{\sqrt{2}}{2},\ \pm\dfrac{1}{2}\right)$ で極大値 $\dfrac{\sqrt{2}}{4}$

$\left(\pm\dfrac{\sqrt{2}}{2},\ \mp\dfrac{1}{2}\right)$ で極小値 $-\dfrac{\sqrt{2}}{4}$

(4) $(\sqrt{2},\ 0)$ で極小値 $(\sqrt{2}-1)^2$,

$(-\sqrt{2},\ 0)$ で極大値 $(\sqrt{2}+1)^2$

(5) $(\pm1,\ \pm\sqrt{3})$ で極大値 $3\sqrt{3}$,

$(\pm1,\ \mp\sqrt{3})$ で極小値 $-3\sqrt{3}$

(複号同順)

(6) $\left(\dfrac{1}{\sqrt{2}},\ \dfrac{1}{\sqrt{2}}\right)$ で極小値 $\dfrac{1}{\sqrt{2}}$,

$\left(\dfrac{-1}{\sqrt{2}},\ \dfrac{-1}{\sqrt{2}}\right)$ で極大値 $\dfrac{-1}{\sqrt{2}}$,

$(0,\ 1),\ (1,\ 0)$ で極大値 1

$(0,\ -1),\ (-1,\ 0)$ で極小値 -1

103 (1) $\left(\dfrac{\pi}{3},\ \dfrac{\pi}{3}\right)$ で極大値 $\dfrac{3\sqrt{3}}{2}$

(2) $\left(\dfrac{\pi}{3},\ \dfrac{\pi}{3}\right)$ で極大値 $\dfrac{3}{2}$

(3) $\left(\dfrac{\pi}{2},\ 0\right)$ で極大値 3

104 (1) 極値なし (2) 極値なし

(3) $(2,\ 1)$ で極小値 6

(4) $(a^{\frac{1}{3}},\ a^{\frac{1}{3}})$ で極小値 $3a^{\frac{2}{3}}$

(5) $(1,\ 1)$ で極小値 9

(6) $\left(-\dfrac{4}{3},\ -\dfrac{4}{3}\right)$ で極大値 $\dfrac{64}{27}$

(7) $(0,\ 0)$ で極小値 0

(8) $(\pm1,\ \mp1)$ で極小値 -2

105 (1) $y'=-\dfrac{x}{y},\ y''=-\dfrac{4}{y^3}$

(2) $y'=\left(-\dfrac{1}{2}\right)\cdot\dfrac{3x^2+y^2}{xy}$,

$y''=\dfrac{3(y^2-3x^2)}{2x^3y^3}$

(3) $y'=\dfrac{x^2-ay}{ax-y^2},\ y''=\dfrac{2a^3xy}{(ax-y^2)^3}$

(4) $y'=-\dfrac{ax+cy}{cx+by},\ y''=\dfrac{c^2-ab}{(cx+by)^3}$

106 (1) 接線 $mx+ny=m+n$,

法線 $nx-my=n-m$

(2) 接線 $mx+ny=m+n$,

法線 $nx-my=n-m$

(3) 接線 $\dfrac{x_0}{a^2}x+\dfrac{y_0}{b^2}y=1$,

法線 $\dfrac{y_0}{b^2}x-\dfrac{x_0}{a^2}y=\dfrac{x_0y_0}{b^2}-\dfrac{x_0y_0}{a^2}$

(4) 接線 $2mx-y_0y=-2mx_0$,

法線 $y_0x+2my=x_0y_0+2my_0$

(5) 接線 $y_0x+x_0y=2m$,

法線 $x_0x-y_0y=x_0{}^2-y_0{}^2$

(6) 接線 $\dfrac{x_0}{a^2}x-\dfrac{y_0}{b^2}y=1$,

法線 $\dfrac{y_0}{b^2}x+\dfrac{x_0}{a^2}y=\dfrac{x_0y_0}{b^2}+\dfrac{x_0y_0}{a^2}$

107 (1) 極大値 $y=\dfrac{1}{2\sqrt{2}}a$,

極小値 $y=\dfrac{-1}{2\sqrt{2}}a$

$\left(\text{どちらも}\ x=\pm\dfrac{1}{2\sqrt{2}}a\ \text{のとき}\right)$

(2) $x=a$ で極小値 $2a$

108 $\dfrac{|ax_0+by_0+c|}{\sqrt{a^2+b^2}}$

109 弧の3等分点を頂点とする等脚台形

110 一辺 $\dfrac{k}{3}$ の立方体のとき体積は最大で

$\dfrac{k^3}{27}$, 一辺 $\dfrac{k}{3}$ の立方体のとき表面積も

最大で $\dfrac{2}{3}k^2$

111 正三角形のとき最大で $\dfrac{3\sqrt{3}}{4}k^2$

112 縦 $\sqrt[3]{2k}$, 横 $\sqrt[3]{2k}$, 高さ $\dfrac{\sqrt[3]{2k}}{2}$ のとき最

小で $3(\sqrt[3]{2k})^2$

113 $(\pm a,\ 0)$ で極小値 $-a^4$

114 $\left(\dfrac{1}{\sqrt{2}},\ \dfrac{1}{\sqrt{2}}\right),\ \left(\dfrac{-1}{\sqrt{2}},\ \dfrac{-1}{\sqrt{2}}\right)$ で最大値

$\dfrac{3}{2}$, $(x, y)=(0, 0)$ で最小値 0

115 △ABC の面積を k, BC=a, CA=b, AB=c としたとき, 辺 BC, CA からの距離がそれぞれ $\dfrac{2ak}{a^2+b^2+c^2}$, $\dfrac{2bk}{a^2+b^2+c^2}$ となる点

116 正三角形

117 $\dfrac{|ax_0+by_0+cz_0+d|}{\sqrt{a^2+b^2+c^2}}$

3章の問題

1
(1) $f_x(1, 2)=4$, $f_y(1, 2)=4$
(2) $z_x=y\cos xy$, $z_y=x\cos xy$
(3) $z_{xx}=18x$, $z_{xy}=z_{yx}=4$, $z_{yy}=-10$
(4) $z_u=\dfrac{4u-2v}{2u^2-2uv+5v^2}$, $z_v=\dfrac{-2u+10v}{2u^2-2uv+5v^2}$

2
(1) $z_x=\dfrac{e^{-\frac{y}{x}}y}{x^2}$, $z_y=-\dfrac{e^{-\frac{y}{x}}}{x}$
(2) $z_{xx}=2$, $z_{xy}=4$
(3) $z_u=-2(u+1)\sin(2u+u^2-v)$, $z_v=\sin(2u+u^2-v)$

3
(1) $f_x=3y+6x^2$, $f_y=3x-1$
(2) $f_{xx}(1, 1)=12$, $f_{xy}(1, 1)=3$
(3) $\Delta z \fallingdotseq (3x^2-3y^2)\Delta x-6xy\Delta y$
(4) $z_y=z_u\cdot 3+z_v\cdot 5$

4
(1) $(5, 2)$
(2) $(5, 2)$ で極小値 -5

5
(1) $z_{xx}=0$, $z_{xy}=z_{yx}=\dfrac{-2}{y^3}$, $z_{yy}=\dfrac{6x}{y^4}$
(2) (ⅰ) とらない
(ⅱ) 極大値 0 をとる
(ⅲ) とらない
(ⅳ) 極小値 0 をとる
(3) 0.07

6
(1) $f_x=3x^2-y$, $f_y=-x+3y^2$, $f_{xx}=6x$, $f_{xy}=-1$, $f_{yy}=6y$
(2) $(0, 0)$, $\left(\dfrac{1}{3}, \dfrac{1}{3}\right)$
(3) H$(0, 0)=-1$, H$\left(\dfrac{1}{3}, \dfrac{1}{3}\right)=3$

(4) $\left(\dfrac{1}{3}, \dfrac{1}{3}\right)$ で極値 $-\dfrac{1}{27}$
(5) 極小値
(6) $z-1=2(x-1)+2(y-1)$
(7) 0.06

7
(1) $\dfrac{dy}{dx}=\dfrac{3x^2+4x}{2y}$, $\dfrac{d^2y}{dx^2}=\dfrac{3x^4+8x^3}{4y^3}$
(2) $(-1, 1)$ では $x+2y-1=0$ が接線, $2x-y+3=0$ が法線
$(-1, -1)$ では $x-2y-1=0$ が接線, $2x+y+3=0$ が法線
(3) $(-1, 1)$ では上に凸, $(-1, -1)$ では下に凸
(4) $\left(-\dfrac{4}{3}, \pm\dfrac{4}{9}\sqrt{6}\right)$
(5) 極大値 $\dfrac{4\sqrt{6}}{9}$, 極小値 $\dfrac{-4\sqrt{6}}{9}$
$\left(どちらも\ x=-\dfrac{4}{3}\ のとき\right)$

8
(1) $(0, 0)$ のとき極小値 -4
(2) $\left(\pm\dfrac{1}{\sqrt{2}}, \pm\dfrac{1}{\sqrt{2}}\right)$ のとき極小値 -2, $\left(\pm\dfrac{1}{\sqrt{2}}, \mp\dfrac{1}{\sqrt{2}}\right)$ のとき極大値 4
(3) 最大値 4, 最小値 -4

4章　重積分

1. 重積分

118
(1) 11　(2) 1　(3) $\dfrac{2}{\pi}$
(4) $e^2-e^{-1}-3$

119
(1) 2　(2) $\dfrac{1}{6}$　(3) $\dfrac{3}{2}\log 2$
(4) $\dfrac{\pi}{2}$

120
(1) $\dfrac{1}{6}$　(2) 2π　(3) $\dfrac{2}{\pi}$
(4) $(e-1)^2$

121 略

122
(1) 0　(2) $\dfrac{1}{2\pi}$　(3) $\dfrac{e}{2}-1$
(4) $e-1$

123
(1) $\dfrac{2}{3}\pi$　(2) $\dfrac{2}{3}$　(3) π

124 (1) 84　(2) $\dfrac{1}{6}\log\dfrac{5}{4}$　(3) $\dfrac{5}{8}\pi$

(4) $\dfrac{e^4}{2}-2e$　(5) $\dfrac{5}{12}$　(6) 5

(7) $\dfrac{1}{12}(e-1)$

125 (1) $\dfrac{38}{3}\pi$　(2) $\dfrac{\pi}{4}\sin 1$

(3) $\pi(1-\log 2)$　(4) $\dfrac{\pi}{4}(1-e^{-1})$

(5) $\pi(2\log 2-1)$　(6) $\pi\log 2$

(7) π

126 (1) $\dfrac{\pi^2}{2}$　(2) $4\sqrt{3}\,\pi$

127 $\dfrac{\pi^2}{16}$

128 $-\dfrac{\pi}{16}$

2. 重積分の応用

129 (1) 1　(2) $\dfrac{1}{3}$　(3) $\dfrac{7}{20}$

130 (1) $\dfrac{\pi}{2}$　(2) $\dfrac{\pi}{2}$

(3) $\dfrac{4}{3}(8-3\sqrt{3}\,)\pi$

131 (1) $\dfrac{\pi}{4}$　(2) π

132 (1) $\left(\dfrac{5}{12},\ \dfrac{3}{4}\right)$　(2) $\dfrac{2\rho a^3}{3}$

133 (1) $2a(a-b)\pi$

(2) $\dfrac{\pi}{4}(\sqrt{2}+\log(1+\sqrt{2}\,))$

4章の問題

1 (1) $\dfrac{2}{3}$　(2) 8

2 (1) $\displaystyle\int_{-1}^{0}\int_{0}^{x+1}f(x,\ y)\,dy\,dx$

$\displaystyle +\int_{0}^{1}\int_{0}^{1-x}f(x,\ y)\,dy\,dx$

または $\displaystyle\int_{0}^{1}\int_{y-1}^{1-y}f(x,\ y)\,dx\,dy$

(2) $\displaystyle\int_{0}^{1}\int_{1-x}^{1}f(x,\ y)\,dy\,dx$ または

$\displaystyle\int_{0}^{1}\int_{1-y}^{1}f(x,\ y)\,dx\,dy$

(3) $\displaystyle\int_{0}^{1}\int_{0}^{2-2x}f(x,\ y)\,dy\,dx$ または

$\displaystyle\int_{0}^{2}\int_{0}^{\frac{2-y}{2}}f(x,\ y)\,dx\,dy$

3 (1) 4　(2) 20

4 (1) $\displaystyle\int_{3}^{5}\int_{\frac{y-1}{2}}^{2}f(x,\ y)\,dx\,dy$

(2) $\displaystyle\int_{0}^{1}\int_{x^2}^{x}f(x,\ y)\,dy\,dx$

(3) $\displaystyle\int_{0}^{2}\int_{0}^{\sqrt{x}}f(x,\ y)\,dy\,dx$

5 (1) $\displaystyle\int_{0}^{\pi}\int_{0}^{2}r^2\,dr\,d\theta$

(2) $\displaystyle\int_{0}^{\frac{\pi}{2}}\int_{0}^{a}r^2\sin\theta\,dr\,d\theta$

6 (1) $\dfrac{5}{6}$　(2) $\dfrac{12-8\sqrt{2}}{5}$

(3) $\dfrac{1}{15}$　(4) $\pi(1-e^{-1})$

(5) 2π　(6) $\dfrac{40}{9}$　(7) $\dfrac{e-1}{4}$

(8) $\dfrac{ab}{4}(a^2+b^2)\pi$

(9) $\dfrac{\pi}{4}+\dfrac{1}{2}\log 2$　(10) π

7 体積は $\dfrac{\pi}{3}(a^5-3a^3+2a^2)$,

最大にする a の値は $\dfrac{-5+\sqrt{105}}{10}$

5章　微分方程式

1. 微分方程式と解

134 (1) $\dfrac{dx(t)}{dt}=kx(t)$

(2) $\dfrac{dP(t)}{dt}=k(a-P(t))$

135 (1) $y'=2x$　(2) $y'=-\dfrac{a-x}{b-y}$

136 略

137 (1) 略　(2) $y=x^3-x$

(3) $y=-\dfrac{1}{6}x^3+\dfrac{7}{6}x$

138 (1) $xy'-y=0$　(2) $y'-y=x-1$

(3) $y''+y=0$

(4) $x^2y''+xy'-y=0$

139 (1) $y''-2ay'+(a^2+b^2)y=0$

(2) $x=0$ のとき $y=A$, かつ
$y'=aA+bB$

140 (1) $\dfrac{d^2x}{dt^2}=-g$

(2) $m\dfrac{d^2x}{dt^2}=-mg-k\left(\dfrac{dx}{dt}\right)^2$

2. 1階微分方程式
（C は任意定数とする）

141 (1) $y=\dfrac{1}{4}(x+C)^2$

(2) $y=Cx$

(3) $-\sqrt{1-y^2}=x+C$

(4) $y=\dfrac{C}{x}$

142 (1) $x^2+y^2=2$

(2) $e^{2x}+2e^{-y}=3$

(3) $\sin y\cos x=1$

143 (1) $y=C(x+y)^2$

(2) $y^3=3x^3(\log|x|+C)$

(3) $e^{\frac{y}{x}}=\log|x|+C$

(4) $\sin\dfrac{y}{x}=Cx$

144 (1) $x^2+y^2=2x$

(2) $y^2-2xy-x^2=0$

(3) $y=x$

145 (1) $y=\dfrac{1}{4}x^3+\dfrac{C}{x}$　　(2) $y=\dfrac{1}{x}+\dfrac{C}{x^2}$

(3) $y=\dfrac{1}{2}\log x+\dfrac{C}{\log x}$

(4) $y=-\dfrac{1}{10}(3\sin x+\cos x)+Ce^{3x}$

146 (1) $y=-\dfrac{1}{4}x+\dfrac{5}{4x^3}$

(2) $y=\dfrac{1}{2}(e^x-e^{-x})$

(3) $y=\sin x+\cos x$

147 $y=2e^{\pm\frac{1}{2}x}$

148 (1) $u'=\dfrac{u^3}{x}$

(2) $y^2=\dfrac{1}{x^2(-\log x^2+C)}$

149 (1) $e^{-y}=e^x(1-x)+C$

(2) $y=\dfrac{2x}{1-Cx^2}$

(3) $y=x+C\sqrt{1+x^2}$

150 (1) $(x^2-1)(y^2-1)=9$

(2) $\sin\dfrac{y}{x}=\log|x|+1$

(3) $y=\dfrac{1}{\sin x\cos x}$

151 (1) $y=\dfrac{4}{a^2}(ax+1)+Ce^{ax}$

(2) $a=\dfrac{1}{2}$, $y=8x-14e^{\frac{x}{2}}+16$

152 (1) $y^2=-x\log|x|+Cx$

(2) $y=\dfrac{1}{\cos x+Ce^x}$

153 (1) 0　　(2) $y=\dfrac{1}{x}-\dfrac{2}{3x^2}$

154 (1), (2) 略

(3) $\left(x+y-\dfrac{8}{3}\right)(x-y+2)^3=C$

155 $y=\dfrac{1}{2x+1+Ce^x}+1$

3. 2階微分方程式
（C, D は任意定数とする）

156 (1) $y=\dfrac{1}{3}x^3+Cx+D$

(2) $y=x\log|x|-x+Cx+D$

(3) $y=-x\sin x-2\cos x+Cx+D$

157 (1) $y=\pm\dfrac{1}{3}(2x+C)^{\frac{3}{2}}+D$

(2) $y=-\log|\cos(x+C)|+D$

158 (1) $y=De^{Cx}+1$

(2) $(x+D)^2-y^2=C$

159 (1) 1 次独立である

(2) 1 次独立ではない

(3) 1 次独立である

160 (1), (2) 略

(3) $y=Ce^x+De^{-x}-1$

161 (1) $y=Ce^{-x}+De^{-2x}$

(2) $y=(C+Dx)e^{-2x}$

(3) $y=C\cos 3x+D\sin 3x$

(4) $y=e^{-\frac{1}{2}x}$
$\times\left(C\cos\dfrac{\sqrt{7}}{2}x+D\sin\dfrac{\sqrt{7}}{2}x\right)$

162 (1) $y=e^{-2x}+e^{3x}$

(2) $y=(1+x)e^x$

(3) $y=-\dfrac{8}{\sqrt{23}}e^{-\frac{1}{4}x}\sin\dfrac{\sqrt{23}}{4}x$

163 (1) $y = \dfrac{1}{6}x + \dfrac{7}{72} + Ce^{3x} + De^{4x}$

(2) $y = \dfrac{1}{10}x^2 + \dfrac{3}{25}x + \dfrac{19}{125}$
$+ e^{3x}(C\cos x + D\sin x)$

(3) $y = -\dfrac{1}{5}e^x + Ce^{2x} + De^{-4x}$

(4) $y = -\dfrac{5}{17}\cos x - \dfrac{3}{17}\sin x$
$+ Ce^{-x} + De^{4x}$

(5) $y = -\dfrac{1}{4}x\cos 2x + C\cos 2x$
$+ D\sin 2x$

(6) $y = \dfrac{1}{2}x^2 e^{-x} + (C + Dx)e^{-x}$

164 (1) $y = -1 + \dfrac{1}{2}(\sin x)\log\left|\dfrac{\sin x - 1}{\sin x + 1}\right|$
$+ C\cos x + D\sin x$

(2) $y = \dfrac{1}{2}x^2 e^{2x}\log x - \dfrac{3}{4}x^2 e^{2x}$
$+ (C + Dx)e^{2x}$

165 (1) $\begin{cases} x = -t - 1 + Ce^{-t} + De^t \\ y = -t - 1 - Ce^{-t} + De^t \end{cases}$

(2) $\begin{cases} x = -e^t + (C + Dt)e^{2t} \\ y = e^t - (C - D + Dt)e^{2t} \end{cases}$

166 (1) $y = Cx + Dx^{-1}$

(2) $y = x^{-1}(C\log|x| + D)$

167 (1) 略

(2) $y = -\dfrac{C}{4}(2x + 1)e^{-x} + De^x$

168 (1) $y = -\dfrac{1}{5}e^x\cos x + Ce^{3x} + De^{-x}$

(2) $y = \dfrac{1}{2}x\cos x - \dfrac{1}{2}\sin x + \dfrac{1}{2}\cos x$
$+ (C + Dx)e^x$

(3) $y = \dfrac{1}{2}x + \dfrac{3}{4} - \dfrac{1}{2}e^{2x}\cos x$
$+ \dfrac{1}{2}e^{2x}\sin x + Ce^x + De^{2x}$

169 (1) $y = \dfrac{1}{2}x^2 + x + \dfrac{1}{2} - \dfrac{1}{2}e^x\sin x$

(2) $y = \dfrac{1}{2}e^x - xe^{2x} - 6e^{2x} + \dfrac{9}{2}e^{3x}$

(3) $y = -\dfrac{1}{6}x - \dfrac{1}{36} - \dfrac{7}{50}\sin x$
$- \dfrac{1}{50}\cos x + \dfrac{29}{100}e^{2x} - \dfrac{109}{450}e^{-3x}$

170 (1) $y = e^{-x}(C\cos(\sqrt{a-1}\,x)$
$+ D\sin(\sqrt{a-1}\,x))$

(2) $y = e^{-x}\cos(\sqrt{a-1}\,x)$

(3) $a = \dfrac{(2n+1)^2}{4} + 1$ （n は整数）

171 (1) $\begin{cases} x(t) = \cos t - \sin t \\ y(t) = \sin t + \cos t \end{cases}$

(2) $\begin{cases} x(t) = e^{\alpha t}(\cos t - \sin t) \\ y(t) = e^{\alpha t}(\sin t + \cos t) \end{cases}$

(3) 略

172 (1) $y = x^{-\frac{1}{2}}\left(C\cos\left(\dfrac{\sqrt{19}}{2}\log x\right)\right.$
$\left. + D\sin\left(\dfrac{\sqrt{19}}{2}\log x\right)\right)$

(2) $y = \dfrac{1}{4}\log x + \dfrac{5}{16} + Cx + Dx^4$

173 (1) 略

(2) $y = -(x^2 + (C+1)x + 1) + De^x$

174 (1) $y = C\cos e^{-x} - D\sin e^{-x}$

(2) $y = \cos x + C\cos(\cos x)$
$- D\sin(\cos x)$

175 (1) $y = \dfrac{1}{12}e^{-x}$ (2) $y = \dfrac{1}{6}x^3 e^x$

(3) $y = -\dfrac{1}{8}\sin 2x$

(4) $y = -\dfrac{1}{3}x^2 + \dfrac{4}{9}x - \dfrac{23}{27}$

5章の問題

1 (1) $y = -\dfrac{2x^2}{1 + Cx^2}$

(2) $y = x(\log|x| + C)$

(3) $y = -\dfrac{1}{x}\cos x + \dfrac{C}{x}$

(4) $y = x + C\sqrt{1 + x^2}$

2 (1) $y = \sin x + \cos x$

(2) $y = \dfrac{1}{2}x - \dfrac{1}{4} + \dfrac{5}{4}e^{-2x}$

3 (1) $y = e^x(C\cos 2x + D\sin 2x)$

(2) $y = \dfrac{1}{4}x^2 - \dfrac{1}{2}x + \dfrac{3}{8}$
$+ (C + Dx)e^{-2x}$

(3) $\dfrac{1}{5}e^{2x} + Ce^{-3x} + De^x$

(4) $y = \dfrac{1}{2}x\sin x + C\cos x + D\sin x$

4 (1) $y=e^{2x}+e^{-x}$

   (2) $y=-\dfrac{1}{5}\sin x+\dfrac{4}{5}e^{2x}-\dfrac{4}{5}e^{-2x}$

   (3) $y=\dfrac{1}{2}-e^{-x}+\dfrac{1}{2}e^{-2x}$

5 (1) $z'+z=-x$

   (2) $y=\dfrac{1}{-x+1+Ce^{-x}}$

6 (1) $y'=e^{-2x}(3\cos 3x-2\sin 3x)$
      $y''=e^{-2x}(-12\cos 3x-5\sin 3x)$

   (2) $a=4$, $b=13$
      $y=e^{-2x}(C\cos 3x+D\sin 3x)$

7 (1) $\dfrac{dz}{dx}=-4y^{-5}\dfrac{dy}{dx}$

   (2) $\dfrac{dz}{dx}-4P(x)z=-4Q(x)$

   (3) $y^4=\dfrac{2}{Ce^{2x^2}+1}$

8 (1) $u''+a(t)u'+b(t)u=0$

   (2) $x=\dfrac{e^t}{e^t+C}$

9 (1) $x=2e^{-4t}-e^{-16t}$

   (2) $0<\alpha<75$

10 (1) $b^2-\omega^2=0$ のとき
      $x=(C+Dt)e^{-bt}$
    $b^2-\omega^2<0$ のとき
      $x=e^{-bt}(C\cos\sqrt{\omega^2-b^2}\,t$
               $+D\sin\sqrt{\omega^2-b^2}\,t)$

   (2) 略

● 本書の関連データが web サイトからダウンロードできます。
https://www.jikkyo.co.jp/download/ で
「新版微分積分II 演習 改訂版」を検索してください。
提供データ：問題の解説

■監修

岡本和夫 東京大学名誉教授

■編修

安田智之 奈良工業高等専門学校教授
森本真理 秋田工業高等専門学校準教授
佐藤尊文 秋田工業高等専門学校准教授
鈴木正樹 沼津工業高等専門学校准教授
中村真一 佐世保工業高等専門学校教授

● 表紙・本文基本デザイン───エッジ・デザインオフィス
● 組版データ作成───㈱四国写研

新版数学シリーズ

新版微分積分II 演習 改訂版

2013年 3 月15日	初版第 1 刷発行
2020年10月30日	改訂版第 1 刷発行
2023年 2 月28日	第 3 刷発行

● 著作者 岡本和夫 ほか
● 発行者 小田良次
● 印刷所 株式会社広済堂ネクスト

無断複写・転載を禁ず

● 発行所 実教出版株式会社
〒102-8377
東京都千代田区五番町 5 番地
電話 ［営 業］ (03) 3238-7765
　　　［企画開発］ (03) 3238-7751
　　　［総 務］ (03) 3238-7700
https://www.jikkyo.co.jp/

ISBN 978-4-407-34945-0 C3041

Printed in Japan